U0238034

河南省南水北调
配套工程流量计校核研究

刘英杰　秦鸿飞　王海峰　著

中国水利水电出版社
www.waterpub.com.cn
·北京·

内 容 提 要

本书介绍河南省南水北调配套工程流量计校核研究与设计所取得的成果。全书共 8 章，具体内容包括：绪论、流量计检定技术要求及现有解决方案、基于统计补偿模型的流量校核、基于薄壁堰的流量校核、基于图像处理的流量在线校核、基于水位融合的流量预测和补偿模型、基于示踪器的流量校核研究、结论和建议。

本书适用于水利行业从事测流技术和相关工作的工程技术人员，也可供高等院校水利信息化工程、水文仪器仪表等专业的本科生和研究生使用。

图书在版编目（ＣＩＰ）数据

河南省南水北调配套工程流量计校核研究 / 刘英杰，秦鸿飞，王海峰著. -- 北京 ： 中国水利水电出版社，2023.12
ISBN 978-7-5226-2055-8

Ⅰ．①河… Ⅱ．①刘… ②秦… ③王… Ⅲ．①南水北调－水利工程－水流量－流量计量－研究－河南 Ⅳ．①TV131.2

中国国家版本馆CIP数据核字(2024)第012973号

书　　　名	河南省南水北调配套工程流量计校核研究 HENAN SHENG NANSHUI BEIDIAO PEITAO GONGCHENG LIULIANGJI JIAOHE YANJIU
作　　　者	刘英杰　秦鸿飞　王海峰　著
出 版 发 行	中国水利水电出版社 （北京市海淀区玉渊潭南路 1 号 D 座　100038） 网址：www. waterpub. com. cn E - mail：sales@mwr. gov. cn 电话：(010) 68545888（营销中心）
经　　　售	北京科水图书销售有限公司 电话：(010) 68545874、63202643 全国各地新华书店和相关出版物销售网点
排　　　版	中国水利水电出版社微机排版中心
印　　　刷	北京印匠彩色印刷有限公司
规　　　格	184mm×260mm　16 开本　6.5 印张　158 千字
版　　　次	2023 年 12 月第 1 版　2023 年 12 月第 1 次印刷
印　　　数	001—800 册
定　　　价	**58.00 元**

在供水工程中，流量计计量准确性直接关系到水量分配、水费计算等。流量计计量准确性受多种因素的影响，为了保证流量计精度，定期对流量计进行校核是必要的。

本书在传统流量计在线校核基础上，对运行影响小、节约成本的流量计在线校核方法进行了研究，主要包括基于统计补偿模型方法、基于薄壁堰方法、基于图像处理方法、基于水位融合方法，探索了基于示踪器的流量校核方法，对目前存在的流量计在线校核技术难题也有一定的启发。

本书共分为8章，其中华北水利水电大学刘英杰执笔第4、第5、第6~8章，河南水文水资源中心秦鸿飞执笔第3、第7、第8章，河南省南水北调运行保障中心王海峰执笔第1、第2章。

本书内容多为探索研究性观点，由于作者水平有限，难免有疏漏和不妥之处，敬请批评指正。

作者于郑州

2023 年 12 月 1 日

目录
CONTENTS

第1章 绪　　论

1.1　研究背景及研究意义

河南省南水北调中线受水区供水配套工程上接总干渠，下连城市水厂，担负着承上启下的输水任务，将向河南省 11 个省辖市和 32 个县（市）的 74 座城市水厂供水。河南省南水北调中线受水区供水配套工程由分水口门进水池、输水管道以及与之相配套的变、配电工程组成，主要任务是为南水北调中线受水水厂或水库供水，起点为分水口门进水池，终点为受水水厂或水库。全部配套工程采用输水管道输水，测量设备全部布置在流量计井内和管理房中。河南省南水北调中线工程受水区供水配套工程流量计共 167 套，其中电磁流量计 28 套，超声波流量计 139 套，设置在分水口的首端和（或）末端。

《电磁流量计检定规程》（JJG 1033—2007）规定：流量计准确度等级为 0.2 级或高于 0.2 级的检定周期为 1 年，对于准确度等级低于 0.2 级及使用引用误差的流量计，检定周期为 2 年。《超声流量计检定规程》（JJG 1030—2007）规定：检定周期一般不超过 2 年。对插入式流量计，如流量计具有自诊断功能，且能够保留报警记录，也可 6 年检定一次并每年在使用现场进行使用中检验。

在流量计运行过程中，南水北调配套工程运行过程中流量计存在口门、线路首端、水厂读数不一致，甚至数值相差比较大的情况，给水费计取带来一定的影响，如果不能及时发现并对这些误差进行检定和校正，将会使输水成本核算处于不可控的状态，因此需要检定流量计精度。

目前，流量计计量准确性的检定方法有两种：一是拆除后检定；二是在线检定。由于超声波流量计或电磁流量计传感器均安装在管道上，尤其是电磁流量计是利用法兰安装在管道上，在不停水的状态下无法采用拆除检定方法，影响拆除检定过程中的水量计量；现场检定做法是将已检定的标准流量计安装到旁通管对运行流量计的准确性进行检定。采用现场检定的条件如下：

（1）旁通管道需和运行管道结构、质量相同。

（2）旁通管道需和运行管道内水流情况相同。

（3）已检定流量计精度满足要求、安装正确。

这些条件若其中一项不具备，就不能保证所检定的结果是可以采信的。另外，若在运行过程中对每一台流量计都采用此方式进行检定，费用非常昂贵。

因此，定期或者不定期地通过独立于所安装仪器的其他方法对管道流量进行准确量测是输水管道长期有效运行的重要保证。

　　综上所述，为了解决上述问题，迫切需要研究一种可操作性强、检定结果准确、投资较少的流量计校核方法。

1.2　国内外研究现状

　　目前，国内外常用的流量计包括电磁式流量计、超声波流量计、热式流量计、涡轮流量计等，均需要定期进行检定和校准。其中流量计的检定方法又可分为离线检定和在线检定，离线检定即把流量计拆卸下来送到实验室进行检定；在线检定具有无须拆卸仪表，无须停工检定等优点。所以国内外都在积极研究切实可行的在线检定方法，进行了大量的探索和科学研究。不仅成立了国际标准化组织和法制计量组织，还相继制定了国际技术标准和法规，这其中最具有代表性的即为《科里奥利质量流量计在线校准规范》（JJF—2015）。我国国家质量监督检验检疫总局制定了《液体流量标准装置检定规程》（JJG 164—2000）、《动态容积法水流量标准装置检定规程》（JJG 218—80）、《超声流量计检定规程》（JJG 1030—2007）等计量技术规范。这些技术规范作为统一标准，为流量计检定的进一步研究和设计提供了可遵循的技术路线。

　　国内学者及相关研究机构对流量计的在线检定进行了大量的研究。侯广文等[1]设计了一种利用外夹式超声流量计进行在线检定的装置，该装置在有充足的前直管段的条件下可以实现良好的测量精度。刘楠峰等[2]探究了影响大口径流量计在线校准精度的各种因素，并提出了在线校准时的相关注意事项，对在线校准的研究具有一定的借鉴价值。赵树旗等[3]采用薄壁三角堰对便携式超声波流量计进行检定，通过超声波测流对流量进行校核，查验设备的精确度，减小误差。侯庆强[4]利用便携式超声流量计开发了移动水表的在线检定系统，并通过数据采集卡、网络摄像头以及 Labview 编写的上位机软件实现在线检定过程的实时监测。吴新生等[5]设计了一种利用外贴式超声流量计作为标准表进行在线检定的方法，并给出了检定过程的具体步骤以及需要注意的问题。蔡光节等[6]利用容积式流量计作为标准表设计了一套不确定度为 0.19% 的高精度流量计自动检测系统。中国城镇供水排水协会和国家水流量计量站共同主持实施了一项包含全国六家单位的管道式电磁流量计在线校准实验，实验中各个单位选取各自的便携式超声流量计在国家站进行定点校准，之后对被校表（管道式电磁流量计）进行校准。结果表明，可以把便携式超声流量计当作标准表应用于管道式电磁流量计的在线校准[7]。

　　近年来也有很多研究所采用标准表法和静态质量法二者共存的方法设计流量检定系统，将两种方法的优势相结合，流量较小的时候，采用静态质量法保证检定精度，避免了标准表法偏差过大的毛病；流量较大的时候利用标准流量仪表有效保证检定效率，满足工作效率要求。郭辉[8]完成了河北省计量检测院 DN（15～200）mm 的质量法和标准表法结合的流量计检定装置的设计，其标准表法和质量法的不确定度分别为 0.25% 和 0.05%。在流量检定设备中，由中国计量院研制的中小口径的流量计量装置不确定度低于 0.05%，国家水大流量计量站具有的大流量的检定装置的不确定度低于 0.1%[9]。

　　在世界范围内，大多数不确定度水平较高的流量标准装置通常采用经典原始法，即静态质量法，例如美国国家流量标准研究所中的流量标准装置、奥地利的 BEV 实验室中的流量标准装置、英国工程研究所中的流量标准装置、德国的 PTB 实验室中的流量标准装置等[10-13]。美国国家流量标准研究所的流量标准精度等级可以达到 0.13%；英国工程研究所的装置精度等级达到 0.2%；德国的 PTB 实验室内装置流量范围为 $0 \sim 2100 \mathrm{m}^3/\mathrm{h}$ 的水流量装置，检定口径从 DN80 到 DN400，测量的扩展不确定度低于 0.02%，它对大多数影响装置不确定度的因素都采取了相应措施，但是校检规程复杂，对校检人员的要求较高，检定周期长，效率较低。

1.3 主要研究内容

对于管道而言，流量即单位时间通过管道过水断面的水流通量，其本质上是由管道内的水流速度决定的。在工程上为方便量测，根据水力学原理研制了众多可直接测读流量的专门仪器，如常见的电磁式流量计、超声式流量计、涡轮流量计及文丘里流量计等。这些仪器的原理各不相同，但总体上看，通过水流沿程压差（此压差往往是通过人为改变管道过水断面大小或形状而产生）、水流流动过程中对量测器件的推动力或者将水流的机械运动转换成电流信号的方式获得流量大小的数据。这些仪器的方便性是显而易见的，但也存在诸多问题，例如水流的电导率（可能随着水温、水质变化）、水流温度等都会对仪器的量测精度产生影响；同时即使在不考虑上述影响的情况下，仪器的常年运行也将使仪器逐渐老化或者磨损，其量测精度将逐渐产生系统性误差，如果不能及时发现并对这些误差进行标定和校正，将会使输水成本的核算处于不可控的状态。因此，定期或者不定期地通过独立于所安装仪器的其他方法对管道流量进行准确量测是输水管道长期有效运行的重要保证。

如前所述，流量在本质上是水流运动速度的一种宏观累积效应，要独立于现有仪器对管道流量进行量测，最可靠且稳定的方法就是回归流量的本质，即：直接对水流运动速度进行测量，然后根据流速的大小推求流量。

本书的主要研究内容为：利用独立于输水系统的方法直接对水流运动速度进行测量，然后根据流速的大小推求流量。因此，本书即是从准确获取管流流速入手，结合管道流量计安装和读数情况，通过试验研究和理论分析相结合，研发一套精度高且便于使用的地下埋管水流流量的量测仪器或方法，并形成研究报告。

本书将通过模型试验与理论分析相结合的方法，关键技术问题研究工作如下。

1.3.1 基于流量数据统计补偿模型的流量校核

基于流量数据的统计补偿模型主要从以下两个方面对此问题进行设计与实现：首先是对近年来的试点流量历史数据进行统计分析，获得进口及出口流量数据之间的规律性，并以此为依据，建立基于流量历史数据的统计补偿模型，见图 1.1；其次是利用水力学方法对流量进行第三方测量，并与真实发生的流量历史数据、补偿模型数据进行对比分析，从而还原真实流量数据。

本补偿模型主要对"基于流量历史数据的统计补偿模型"方法及计算结果进行阐述和分析。模型将"进口流量"和"出口流量"看作系统的输入和输出，将造成差异的因素看作输入和输出之间的"黑箱"，通过对进口流量和出口流量历史数据的统计分析，建立

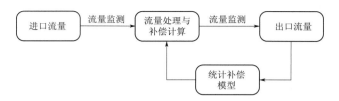

图 1.1　统计补偿模型

"统计补偿模型",并尽可能地消除这一因素的影响。

1.3.2　基于薄壁堰的流量校核

目前,流量量测仪器和方法有多种,例如文丘里流量计、堰流流量计、涡轮流量计以及电磁式流量计、超声波流量计等。但这些流量计的量测原理、精度、适用环境等方面都各不相同。南水北调河南省内输水管线在建设初期就安装的流量计有超声波流量计和电磁式流量计等。而这些流量计在实际运行中出现了同一管线中流量数据相互之间具有不一致的现象,也从侧面反映了这些新型流量计可能受环境因素影响较大的缺点。

因此,南水北调河南省内输水管线的流量监测迫切需要最基本的流量在线检测方法对已有的检测设备进行检定。在实际的调研过程中发现,南水北调中线工程中某水厂的沉淀池尾端集水装置正好为薄壁堰形成的阵列,因此,流量测量的方案修改为以薄壁堰为基础的流量量测。

薄壁堰流量量测过程见图 1.2,首先通过水位传感器获取水位信息,并对薄壁堰三角的数据进行解析;然后将薄壁堰流量量测模型加载到程序中,进行解析和运算并显示;最后利用运算公式得出具体的实时流量数据,通过刷新数据达到动态显示的效果。

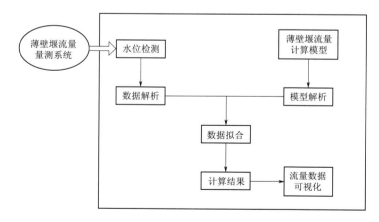

图 1.2　薄壁堰流量量测过程

1.3.3　基于图像处理的流量检测模型

本书项目应用基于图像处理技术来代替基于 PIV（partide image velocimetry）的激光粒子追踪测速方法,实现流量在线检测。模型首先以 0.22m/s 为间隔采集 21 组图像,每组 60 张;然后在对图像进行尺度变换的基础上,为扩大数据库规模,再对图像进行均衡化、伽马变换、旋转等操作；最后在 Matlab 软件上搭建工作平台，结合神经网络算法构建数据库，进行流速分类与识别；同时为比较各种算法的优良性，本书还使用了方向梯度直方图（histogram of oriented gradient，HOG）算法与局部二值模式（local binary patterns，LBP）算法结合支持向量机（support vector machine，SVM）分别对测试图像进行流速和水位分类与识别，最后计算出实时的流量。研究技术路线见图 1.3。

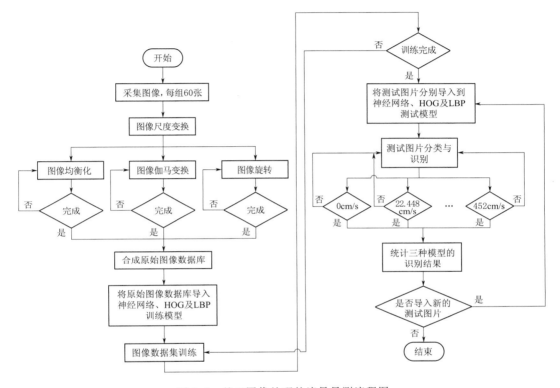

图 1.3　基于图像处理的流量量测流程图

1.3.4　基于水位融合的流量预测和补偿模型

模型针对的是在用水量与供水量存在的巨大偏差，人为追溯存在异议的情况下，提出以区块链的可追溯、可审计等特性，去追溯各参与方每时间段用水量数据，并对未来的数据进行预测，以便与各参与方建立信任。为了更好地提高预测效果，本书利用 LSTM 这种模型进行预测，充分利用水位的时序性变化，同时也考虑了水位的流量测量功能，利用该模型去预测特定时间间隔的水位量变化，以期很好的流量预测和补偿效果。

1.4　章节安排

本书共分成 8 章，叙述项目如何开展工作，并介绍研究与设计所取得的成果。

第 1 章绪论部分介绍了本书的研究背景及意义、国内外研究现状和研究内容，同时阐述了几种研究方法和其发展现状，并对书稿结构进行总体简述。

第 2 章主要研究超声波流量计和电磁流量计精确度检定及已有解决方案。

第 3 章是分析和建立流量统计补偿模型，首先是对近年来的试点流量历史数据进行统计分析，获得进口及出口流量数据之间的规律性，并以此为依据，建立基于流量历史数据的统计补偿模型。

第 4 章主要讲解了薄壁堰流量量测过程，首先获取水位信息和三角薄壁堰角度数据并进行解析；然后将薄壁堰流量量测模型加载到程序中，利用运算公式得出具体的实时流量数据。

第 5 章主要讲解基于图像处理技术的流量计算模型建立，并实现流量在线检测。模型首先获取图像，然后在对图像进行变换的基础上，在 Matlab 软件上搭建工作平台，结合神经网络算法构建数据库，进行流和水位的速分类与识别，最后计算出实时的流量。

第 6～8 章主要对本书所涉及的流量校核方法进行了横向比较，指出其优缺点及适用性，在此基础上对其实际应用给出了建议。

第2章　流量计检定技术要求及现有解决方案

2.1　检定规程中对流量计精确度检定的技术要求

2.1.1　《超声流量计检定规程》（JJG 1030—2007）的相关规定

根据《超声流量计检定规程》（JJG 1030—2007）第 7.4 条：检定周期一般不超过 2 年，对插入式流量计，如流量计具有自诊断功能，且能够保留报警记录，也可 6 年检定 1 次并每年在使用中检验。

超声波流量计使用中的检验用于在实流装置上检定完成后，在检定周期内对流量计计量可靠性的检查。使用中检验的方法有两种，一种是在线采用一台标准流量计与之进行比较，另一种是以声速比较为基础对流量计进行的在线检验。

检验时间安排：在被检验流量计安装到管路上投入使用一个月内进行第 1 次检验，以后按至少 1 次/年的周期进行。

2.1.2　《电磁流量计检定规程》（JJG 1033—2007）的相关规定

流量计准确度等级为 0.2 级及大于 0.2 级的检定周期为 1 年，对准确度等级低于 0.2 级以及使用引用误差的流量计检定周期为 2 年。

对使用中流量计的检验只进行随机文件、标识及外观检验。

2.1.3　《管道式电磁流量计在线校准要求》（CJ/T 364—2011）的相关规定

适用于满管流的电磁流量计在线校准，包括以下两种方法：

（1）标准表法。以标准表（外夹式超声流量计）为标准器，使流体在相同时间间隔内连续通过标准表和电磁流量计，比较两次的输出流量值，从而确定电磁流量计计量性能的校准方法。

（2）电参数法。通过对直接影响电磁流量计测量准确度的传感器励磁线圈电阻和对地绝缘电阻、电极接液电阻偏差率、转换器各项参数转换准确度和零点漂移等参数进行校准，从而确定电子流量计计量性能的校准方法。

2.1.4　《气体超声流量计使用中检验　声速检验法》（GB/T 30500—2014）的相关规定

规程的适用范围是气体超声波流量计。具体程序如下：

（1）把流量调到设定的流量值。

（2）待流量稳定后，记录升高的测量声速，最大声速差应符合相关要求。

（3）进行采样分析，同时测量记录管道内气体的温度、压力数据。把采样气体组分、采样时间内管道的平均压力和温度输入理论声速计算软件。

（4）将计算声速与流量计测量的平均声速比较，声速偏差应符合相关规定要求。

（5）重复上述步骤，连续测量不少于 3 次。

（6）计算出测量的重复性，满足相关规范要求。

2.2　流量计精确度影响因素分析

2.2.1　超声波流量计精确度影响因素

影响超声波流量计的因素可以包括电路延时、换能器安装和运行环境因素 3 个方面。

（1）电路延时。一般采用阈值法对超声脉冲进行定位，不管是电路中还是声路中声波都会有一个传输时间，这个时间就是电路延时；换能器接收到超声脉冲时刻与脉冲被定位的时刻会有一个时差，这个时差就是声道延时。由于存在两个声道延时，所以使得测量计时的总时间总是要大于超声波在流体中传播的时间。

（2）换能器安装。换能器安装是制约超声波流量计测量精度的关键因素。在实际环境中换能器或多或少会存在安装误差。换能器安装角度误差将会存在以下几个问题：一是对于接收到的超声信号而言，超声信号轻度减弱，更容易被其他信号干扰，使得测量结果出现较大的误差，甚至可能得不到任何结果；二是由于角度偏差，如果继续套用设定好的参数计算超声波在流体传播时的声程，则结果会出现错误；三是同样由于角度的误差，通过流速计算公式得到的流速值也是不准确的。

（3）运行环境因素。运行环境因素主要包括噪声，脏污堆积，温度、压力等。

1）噪声。管路系统中由于阀门、整流器以及各类阻流管件等的存在总会产生一定的噪声。若噪声的频率与超声波流量计的工作频率范围一致，会干扰到超声波脉冲的探测、影响到对传输事件的准确测量，最终导致体积流量的测量不准。

2）脏污堆积。脏污（藻类、污泥、贝类等）位置流过超声波流量计时，脏污逐渐堆积在流量计标体管道内以及超声波探头上，可能会影响超声波流量计的准确度。主要包括以下几方面：

a. 减少了流量计表体的有效内径，流量计读数偏高；

b. 脏污在超声波探头表面堆积缩短了传输时间，流量计读数偏高；如果流量计内壁有较明显的腐蚀，经过清洗后，流量计的内径会增大，造成流量计的读数偏低；

c. 表体内壁及上游直管段的表面粗糙度变化引起流速分布的变化，从而影响流量计的准确度和稳定性。

3）温度、压力。超声波流量计计量系统一般由流量计、压力变送器、温度变送器等组成。压力和温度直接影响计量系统的准确性。

2.2.2　电磁流量计精确度影响因素

影响电磁流量计精确度的因素也包括制造安装、运行环境方面。

（1）电极与励磁线圈对称性以及安装点振动的问题。电磁流量计的励磁线圈与电极，在加工制造过程中要严格对称，如果不对称则会产生不对称偏差，从而影响测量结果，造成测量误差。此外，电磁流量计对安装地点的振动也有相当高的要求，一体化电磁流量计要求安装在振动小的场所，否则会产生测量误差，严重时导致仪表不能正常工作。

（2）衬里材料及电极选择和待测液体流速的问题。衬里材料及电极是直接与测量液体接触，因此在选择时应根据工作温度以及待测液体的特性，如果选择不当，就会造成衬里变形、磨损、结垢、腐蚀、附着速率快等问题，从而使测量结果存在误差，因此在选择衬里材料及电极时应高度重视。此外，液体流速也对精度有一定影响。

（3）连接电缆的问题。电磁流量计的实质是由特定的电缆将转换器和传感器相连，从而形成一个系统，因此，导体截面积、分布电容、电缆长度、屏蔽层数、绝缘情况等因素都会影响测量结果。因此要做到：①尽量使用规定型号的电缆；②将末端应连接好、处理好，避免中间接头；③其长度应在允许范围之内，且电缆越小越好。

（4）液体中有气泡或者非满管。气泡产生的原因主要有：

1）液体中溶解气体转变成游离状气泡析出。

2）由外界吸入（如负压端管道连接垫圈泄漏、泵轴密封性变坏等）。由于气泡存在或存在大量空气，使得测量结果也含有气泡体积的流量，从而产生了测量误差。如果气泡直径等于或大于电极直径，有可能会导致测量显示值波动。因此要做到：①在电磁流量计上游安装集气器，定期排气；②更换安装位置；③把电磁流量计安装在自下而上流动的垂直管道上；④传感器安装别离直接排放口太近；⑤传感器应安装在控制阀的上游、泵的下游。

（5）有附着层附着在测量管内。因为电磁流量计在长期运行过程中导致电磁流量计的电极表面和管道内壁常会有附着层附着，使得测量结果存在误差。解决措施如下：

1）定期清洗。

2）提高流速，使其不低于 2m/s，最好保持在 3～4m/s 或以上。

（6）空间电磁波的干扰。若转换器与传感器间的电缆较长，如果在其周围存在强的电磁干扰，那么可能会导致电缆引入干扰信号，使得仪器测量值非线性、显示失真、大幅晃动等，从而造成误差。解决措施如下：

1）采用屏蔽措施，如将电缆单独穿在接地钢管内或使用符合要求的屏蔽电缆。

2）缩短电缆的长度。

3）尽量远离强磁场。

2.3 流量计精确度在线检定现有解决方案

根据相关规程及调研，目前比较成熟的流量计使用中检验（在线检验）方法有清水池容积法、外夹式（外贴式）超声波流量计法、串联管段式仪表法、插入涡轮流量计法等。除此之外，还有电参数法、声速检验法等，电参数法用于电磁式流量计，声速检验法用于超声波流量计。

（1）清水池容积法。该方法是以清水池作为一个标准容器，在一定的时间内记录通过在线电磁流量计的流量，同步记录清水池水位的变化情况，得出清水池水量的增加量（或减少量），并以此作为标准值，计算电磁式流量计的示值误差。2003 年 11 月中国水利协会设备委员会召开的"流量仪表应用技术研讨会"上，长沙自来水公司等三家自来水企业提出了该方法，并阐述了实施过程和比对实测例的数据，运行较长时间（几小时以上）使进水池水位差超过 1m，以减少各类操作误差的影响，清水池容积法总不确定度可控制在 0.5%～1% 之间。

（2）外夹式（外贴式）超声波流量计法。选择一台合适的标准超声流量计（0.5～1.0 级），将标准超声流量计的换能探头可靠固定在电磁流量计上游侧或下游管道侧（注意避开可能产生不满管、电磁干扰、外部管径锈蚀严重的位置并使用高品质耦合剂）；将换能器信号传输电缆连接到转换器上，调试信号到最佳状态。单次检测示值误差，重复检测 3 次得出该点平均示值误差和重复性。该方法可获得中等比对精度，但采用该方法时应评估安装于现场比对超声流量计所组成测量系统的不确定度。便携式超声流量计的精度是指所测流速的精度，不是所测流量的精度。

（3）串联管道式仪表法。管道式超声波流量计解决了外缚式传感器和插入式传感器安装过程中由于管道不标准和人为安装误差而造成的测量精度下降的问题，真正达到了 1% 的测量精度。但需要停水安装。

（4）电参数法。在校验的过程中，首先要观察流量计转换器内的各项参数，确保不存在人为的改动，保证各项参数值与出厂的标准一致；其次观察励磁电缆和信号电缆的损伤程度。根据相关要求，被测液体的电导率要保持在一定的范围内，液体的流速要保持在 0.3～10m/s 的范围内，被测管道中的液体要满管，不存在气泡聚集的情况。在这种情况下才能开展校验工作，保证校验结果的准确性。在对转换器进行校准时，要注意瞬时流量的示值误差。

2.4 本章小结

通过研究规程及调研，对目前流量计在线检测方法进行了总结，根据河南省南水北调配套工程流量计情况可以考虑采用外夹式（外贴式）超声波流量计法进行核定。但需要逐台检定，并需要保证外夹式（外贴式）超声波流量计本身精度、安装精度等。

第3章　基于统计补偿模型的流量校核

3.1　研究背景

经过近几年的生产运行发现，虽然在南水北调水流流经干渠分水口及泵站进入分水管线直至终端水厂过程中，在泵站位置（以下简称进口端，其流量称为进口流量）及进入水厂前的位置（以下简称出口端，其流量称为出口流量）上分别设置了超声流量计，理论上这两组流量计的流量计数应该相等，但是受到流量计系统误差、随机误差、流量计故障、泥沙淤积、生物的管壁附着及其他多种因素的影响，这两部分数据存在一定差异，进而对流量统计、供水计费等产生了不利影响。因此采用多种方法对供水流量进行准确评估，对于整个供水系统的长期高效运行至关重要。

本章主要从以下两个方面对此问题进行研究。

（1）对近年来的流量历史数据进行统计分析，获得进口及出口流量数据之间的规律性，并以此为依据，建立基于流量历史数据的统计补偿模型。

（2）利用水力学方法对流量进行第三方测量，并与真实发生的流量历史数据、补偿模型数据进行对比分析，从而还原真实流量数据。本章主要对"基于流量历史数据的统计补偿模型"方法及计算结果进行阐述和分析。

3.2　研究思路

理论上，在没有渗漏和中途流量汇入及汇出的情况下，同一个管道进口及出口的流量值应该相等，也就是流量差应该为 0。但由于流量计误差、故障、泥沙颗粒淤积和生物的管壁附着等多种因素影响，在实际运行过程中两端设置的超声流量计读数并不相等，甚至在某些情况下差异较大。由于影响因素的复杂性以及管道需要不间断供水（无法停水对流量计进行检定和校准），要确切地弄清造成这一差异的原因是极其困难的。因此，研究时采用的第一种方法即是将"进口流量"和"出口流量"看作系统的输入和输出，将造成差异的因素看作输入和输出之间的"黑箱"，通过对进口流量和出口流量历史数据的统计分析，建立"统计补偿模型"，尽可能地削弱这一差异的影响。

假设进口端（以下简称首端）及出口端（以下简称尾端）流量计所测流量差异的主要影响因素在各年份具有一致性，即：流量计虽然存在一定的系统误差及随机误差，甚至包括可能存在一定的故障，但并未出现颠覆性故障（不具有颠覆性是指已安装的流量计所测数据总体上是可用的，但存在或大或小的误差，这也是研究需要消除的部分），这些误差

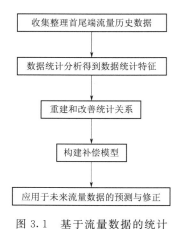

收集整理首尾端流量历史数据

数据统计分析得到数据统计特征

重建和改善统计关系

构建补偿模型

应用于未来流量数据的预测与修正

图 3.1　基于流量数据的统计
补偿模型的总体思路

以及故障在各供水年的影响强度是相近的，同时其他影响因素也都在一定范围内变化。因此各年的首尾端流量差虽然在数据上是不同的，具有随机性，但在统计层面其规律又是接近的。在这一前提下，基于流量历史数据的统计补偿模型主要研究思路为：对已有流量数据年份的首尾端流量差异数据进行统计和分析，获取其统计特征，同时对统计特征中发生概率小且数据变化大的部分进行剔除（这些数据。一方面，可能仅在当年发生，并不能反映各年的主要因素；另一方面，这些数据由于同时兼有发生概率小和数据波动大的特点，本身就属于不合理数据），将进行改善后符合新的统计规律的数据作为"补偿"，对其他时间相近年份的首尾端流量差数据进行消除，从而最大限度地减小不合理数据造成的流量差异，使得首尾端流量数据进一步接近真值，流程见图 3.1。

3.3　流量历史数据的总体情况

3.3.1　GQ 水厂基本情况

GQ 水厂是本书研究典型管线区段的终端水厂，该水厂成立于 2010 年 6 月，建设之初以港区地下水为主要水源，后于 2012 年 4 月建成引水工程，引水规模 7 万 m³/d，满足引水需求，作为南水北调工程建设前的主要水源。2013 年 6 月开始该水厂改扩建工程的建设，工程设计规模 20 万 m³/d，工程内容包括净水厂工程及部分管网铺设，于 2015 年 2 月完成通水，扩建后采用南水北调水源，经南水北调口门和泵站加压进入厂区，生产规模 20 万 m³/d，包括常规水处理工艺和排泥水处理工艺。原水进入到厂区以后，经过加药、混合、反应、沉淀、砂滤池过滤、清水储藏等环节，最后由送水泵加压输入到自来水管网，进入该水厂各用水单位。

3.3.2　流量数据涉及管线及时段

研究涉及的输水管线区段为南水北调口门经泵站至某水厂的管线，该管段在泵站部分以及厂区前分别安装了超声波流量计。

在数据资料收集过程中，从流量计机房获取了 2018 年、2019 年、2020 年 3 年的进口端和出口端小时平均流量（m³/h）（流量计机房所记录的数据最早开始于 2018 年）。

3.3.3　异常流量数据处理

通过对上述 3 个年份的流量数据进行初步分析和筛选，发现 2018 年数据首尾两端平均流量数据缺失较多，不宜作为连续流量过程分析的数据源，因此在数据分析过程中 2018 年数据仅作为数据参考使用。

在 2019 年及 2020 年流量过程数据中存在少量流量值为 0 的情况（例如 2020 年 8 月 16 日凌晨 4：00：00 至下午 18：00：00 之间的首尾端数据长时间为 0，或者一端为 0；

再如 2020 年 10 月 16 日晚 20：30：00—21：00：00 之间存在的数据由 9000m³/s 突然短暂变为 0 的情况，可视为不合理数据），以及部分瞬时首尾差异较大的数据（如 2019 年 10 月 9 日 0：00：00，首尾相差 994m³/h，见图 3.2 左侧箭头所示；2019 年 10 月 16 日 7：00：00，首尾相差 1538m³/h，见图 3.2 右侧箭头所示）可能是数据记录错误或暂时停止供水，为减少此类数据对整个流量相关关系规律性的影响，删除相应数据。此外有部分首末端明显平移错位的数据（首末端流量错位 3h 以上）也进行了相应修正，见图 3.3。

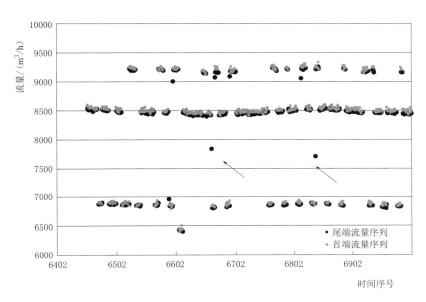

图 3.2　2019 年部分流量数据异常点示意图

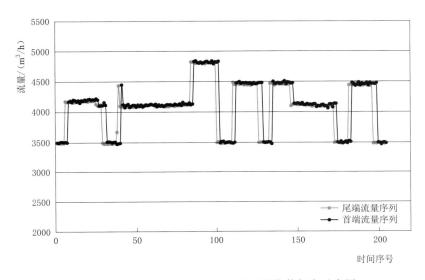

图 3.3　2019 年部分流量首尾端时间错位数据点示意图

3.3.4　全年尺度下的流量总趋势

将 2019 年及 2020 年一水厂首尾端全年流量数据按时间顺序绘制图 3.4。从图 3.4 中可以看出首尾端流量的在时间序列上具有如下特点：

（1）总体上看，上半年引水流量强度较小，7月（或5月）之后引水流量明显加大。

（2）除个别流量数据点首尾端差异过大外，绝大多数时段内，首尾端流量总趋势保持一致。

（3）按时间序列对首尾端相同时间点的流量差值进行分析可知，该差值具有较强的随机性，数据波动大，统计特征较弱，无法从全年的时间序列尺度上得到较为稳定的统计补偿模型。

（4）将首尾端平均流量数据按全年、每半年、每季度、每月、每半月分别作平均流量与时间关系图，尝试寻找流量差异与时间、季节、雨旱季关系，经观察分析，流量差异与时间等因素并无直接关系。

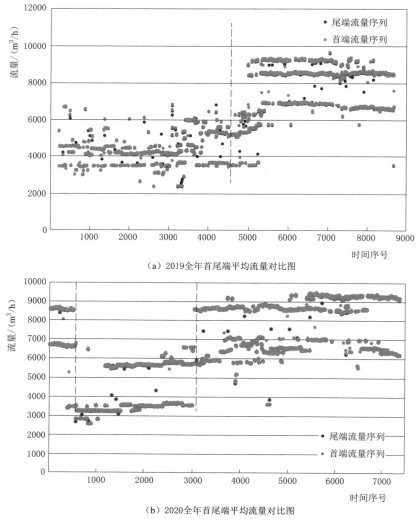

（a）2019全年首尾端平均流量对比图

（b）2020全年首尾端平均流量对比图

图 3.4　2019 年及 2020 年一水厂首尾端平均流量对比图

3.4 基于流量数据的统计补偿模型

3.4.1 流量级别的划分

前已述及，流量数据按照时间序列并无确切稳定的统计关系，因此本节研究的重点为：忽略流量的时间顺序，将流量划分为不同流量级别，从流量级别角度探究首尾端流量差异的规律性。通过数据整理，将流量大致按 $2000 \sim 4000 \mathrm{m^3/h}$、$4000 \sim 6000 \mathrm{m^3/h}$、$6000 \sim 8000 \mathrm{m^3/h}$、$8000 \sim 10000 \mathrm{m^3/h}$ 流量划分为 4 个流量区段。图 3.5（a）～（d）为分别为 2019 年上述各流量区段内首尾流量关系图。从图中可以得出如下基本规律：

（1）按流量区段进行划分后，相同流量区段内首尾端流量数据总趋势的一致性更为明显。

（2）不同流量区段内，流量增长方式具有一定差异性。

（3）总体上看，尾端流量小于首端流量，在小流量区段（$2000 \sim 4000 \mathrm{m^3/h}$、$4000 \sim 6000 \mathrm{m^3/h}$ 流量段），首尾端流量更为接近，而在大流量区段（$6000 \sim 8000 \mathrm{m^3/h}$、$8000 \sim$

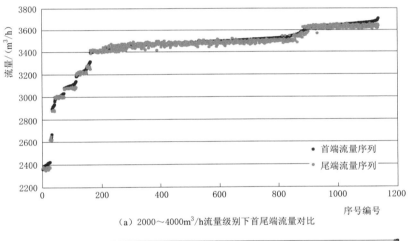

（a）$2000 \sim 4000 \mathrm{m^3/h}$ 流量级别下首尾端流量对比

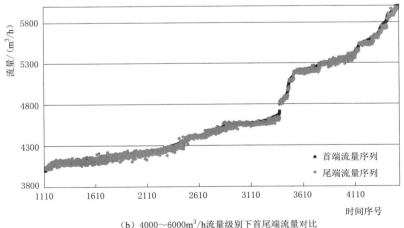

（b）$4000 \sim 6000 \mathrm{m^3/h}$ 流量级别下首尾端流量对比

图 3.5（一） 2019 年各流量级别下首尾端流量对比

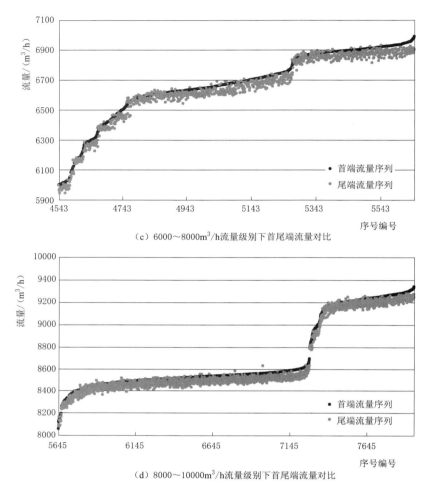

（c）6000～8000m³/h流量级别下首尾端流量对比

（d）8000～10000m³/h流量级别下首尾端流量对比

图 3.5（二）　2019 年各流量级别下首尾端流量对比

9600m³/h），尾端流量小于首端流量的情况更为明显。

（4）基于上述三方面的规律，对流量进行分区段，并在不同区段研究其统计规律性更具有可行性和现实意义。

3.4.2　流量数据的统计特征

本节研究是在剔除零流量及明显不合理的数据后，对 2019 年度实际发生的首尾两端流量数据按上一小节的流量级别区间进行整理。在每一流量区间，将同一时段的首尾端流量相减得到流量差。作为首尾端的实际流量差别，这些流量差数据实际上包含了首尾端流量计的系统误差、随机误差、流量计故障、泥沙淤积、生物的管壁附着等可能因素的综合影响（即：如无这些影响因素起作用，在没有流量汇入和汇出的情形下，这一差值应该为 0）。基于此，将首尾端流量差在每一流量区段内看作一个随机数序列，利用统计学方法提取这一随机数系列的统计特征，对于理解和构建统计补偿模型是十分重要的。图 3.6 为根据2019 年实际流量数据计算得到的各流量区间下首尾端流量差的概率密度分布曲线。从图中可以看出如下基本规律性：

（1）各流量区间的首尾端流量差的确构成随机变量序列，且其概率密度分布均为偏态分布。

（2）各流量区间流量差的峰值均偏向流量较小一侧，且其峰值由小流量区间向大流量区间变化过程中［即图 3.6（a）～图 3.6（d）］，其峰值逐渐向流量较大一侧移动（$6.46\text{m}^3/\text{h}\rightarrow9.49\text{m}^3/\text{h}\rightarrow26.08\text{m}^3/\text{h}\rightarrow25.57\text{m}^3/\text{h}$），即：越来越接近正态分布。这一规律说明随着引水流量的增大，首尾端的流量差异也随之变大。

（3）可按 90％概率所对应的流量差下界数值、上界数值［如图 3.6（a）中的 Q1 和 Q2 示意］及峰值流量差数值构建统计补偿模型。主要依据是：Q1 以左和 Q2 以右的流量差所占概率不到 10％，其存在的主要原因可能为瞬时较大的随机误差，故不应包含在统计数据中从而影响对真实情况的估计。

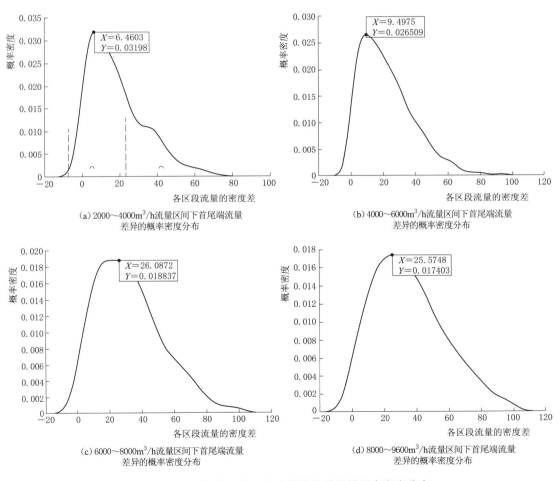

（a）2000～4000m³/h流量区间下首尾端流量
差异的概率密度分布

（b）4000～6000m³/h流量区间下首尾端流量
差异的概率密度分布

（c）6000～8000m³/h流量区间下首尾端流量
差异的概率密度分布

（d）8000～9600m³/h流量区间下首尾端流量
差异的概率密度分布

图 3.6　2019 年各流量区间首尾端流量差异概率密度分布

基于上述规律，对 2019 年各流量区间，取可信度 90％，计算所对应的流量差下界数值和上界数值，为补偿模型提供基本统计数据，见表 3.1。具体计算方法如下。

表 3.1　可信度 90% 的流量差上界值

流量级/m³/h	90% 左侧节点	90% 右侧节点
2000~4000	−5.8	52.07
4000~6000	−3.3	52.38
6000~7000	−10.2	66.69
8000~10000	−15.5	73.04

由概率密度曲线计算可信度 90% 容许区间的双侧界限值需要以下五步。

（1）在 Matlab 中绘制概率密度曲线，获取概率密度曲线横坐标 x_i 值与纵坐标 f 值。

（2）以 0.01 为一小段，把概率密度曲线分为 x_{ii} 小段。

（3）以 $y_{ii} = \mathrm{interp1}(x_i, f, x_{ii})$ 函数作出插值 y_{ii}。

（4）设概率为 p_i，每 0.01 为一小段，每小段概率为 $p_i = 0.01 \times y_{ii}$，累积各段 p_i 相加，当 $p_i = 0.9$ 时停止计算，此时的 x_{ii} 值为可信度 90% 容许区间的上界限值。

（5）计算各流量级可信度 90% 容许区间的上界限值，舍弃两侧界限值之外的数据。

容许区间指的是总体中绝大多数个体观察值可能出现的范围。严格说，总体中个体某种指标的所在范围，称为该指标的容许区间（在回归分析中亦称预测区间）。称为个体某指标值落入该范围的可信度。

通过上述计算步骤，获得了各流量级下首尾端流量差的概率分布并对可能包含较大误差的部分进行了取舍改良，即可将改善后的分布作为"补偿"，应用于 2020 年流量差异的修正。

3.4.3　补偿模型用于 2020 年的情况

将前一节从 2019 年数据获得的各流量级改善后的流量差的概率分布应用于 2020 年，见图 3.7。

在图 3.7 所示的各流量级别中，"●"点群为 2020 年由首末端超声流量计实际测得的各时间点的流量差，"●"点群则是将 3.4.2 节 2019 年数据所获得的补偿模型应用于相应流量级后的首尾流量差。从图 3.7 中可以看出，应用补偿模型后，各流量级的流量差均有所减小，例如在 2000~4000m³/h 流量级区间，首尾最大流量差由原来的 77.4m³/h 减少为 27.3m³/h；在 4000~6000m³/h 流量级区间，则由 79.2m³/h 减少为 31.9m³/h；在

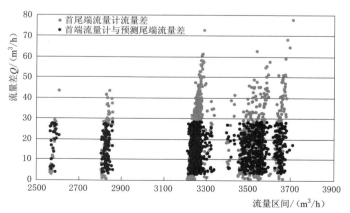

（a）2000~4000m³/h 流量级区间流量计流量差与预测流量差

图 3.7（一）　2020 年各流量级别下应用补偿模型后的流量差

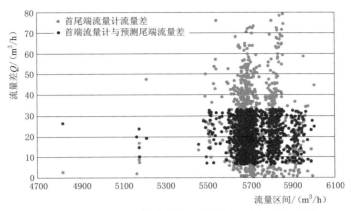

（b）4000～6000m³/h流量级区间流量计流量差与预测流量差

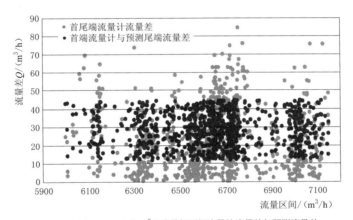

（c）6000～7000m³/h流量级区间流量计流量差与预测流量差

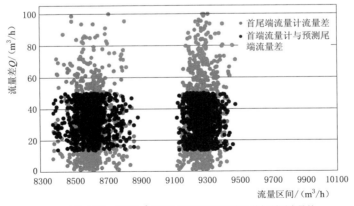

（d）8000～10000m³/h流量级区间流量计流量差与预测流量差

图 3.7（二） 2020 年各流量级别下应用补偿模型后的流量差

$6000 \sim 7000 \text{m}^3/\text{h}$ 流量级区间，由 $84.6 \text{m}^3/\text{h}$ 减少为 $43.1 \text{m}^3/\text{h}$；在 $8000 \sim 10000 \text{m}^3/\text{h}$ 区间则由 $100 \text{m}^3/\text{h}$ 减少为 $46.8 \text{m}^3/\text{h}$；总体而言，各流量级下的首尾端流量差在进行补偿后均有大幅减少，基本实现了从概率统计角度剥离极端随机因素以及不合理数据影响，最大程度恢复和接近真实流量值的目的。

3.4.4　补偿模型用于 2021 年的情况

在经过 2021 年的输水运行之后，将前述模型再次用于 2021 年流量数据的预测校核，以验证补偿模型的效果。有一个特殊情形是，2021 年一水厂的末端流量计存储设备被拆除，该水厂 2021 年的流量数据大部分缺失，因此无法将模型用于一水厂的流量数据校核，只能将其试用于二水厂的流量数据校核。需要说明的是，该模型的核心思想是将同一输水系统中不同流量计之间看成一个黑箱，模型的主要作用就是剔除黑箱中随机误差的影响，以最小的误差还原不同流量计之间数据的相关关系，因此理论上对于同一系统更加准确，而不同系统之间由于引起误差的内在原因不尽相同，因此补偿效果上相对于同一系统可能存在一定偏差。

1. 对原始数据的整理

（1）时间序列的整理。所获得的数据为二水厂首端（2021-01-01，0：00：00—2021-12-22，11：00：00 每 0.5h 一个流量数据）以及二水厂末端（2021-01-01，0：00：00—2021-12-22，11：00：00 每 1h 一个流量数据），为将时间统一，在原始数据基础上，统一改为每 1h 的数据间隔。

（2）异常数据的处理。在整个时间序列的流量数据中，有多次出现一定时段内流量降为零，原因可能是临时停机不供水，但零数据会对模型产生影响，因此在计算之前，将这些零数据予以剔除，见图 3.8。此外，有个别小范围时间段内的首端和末端流量具有一定的错位情况，见图 3.9，在计算前也对其进行了局部修正。

15508	航空2水厂	2021-11-20	1:30:00	2241.7
15509	航空2水厂	2021-11-20	2:00:00	2250
15510	航空2水厂	2021-11-20	2:30:00	2240.3
15511	航空2水厂	2021-11-20	3:00:00	0
15512	航空2水厂	2021-11-20	3:30:00	0
15513	航空2水厂	2021-11-20	4:00:00	0
15514	航空2水厂	2021-11-20	4:30:00	0
15515	航空2水厂	2021-11-20	5:00:00	0
15516	航空2水厂	2021-11-20	5:30:00	0
15517	航空2水厂	2021-11-20	6:00:00	0
15518	航空2水厂	2021-11-20	6:30:00	0
15519	航空2水厂	2021-11-20	7:00:00	0
15520	航空2水厂	2021-11-20	7:30:01	0
15521	航空2水厂	2021-11-20	8:00:00	0
15522	航空2水厂	2021-11-20	8:30:00	0
15523	航空2水厂	2021-11-20	9:00:00	1666.8
15524	航空2水厂	2021-11-20	9:30:00	2243.9
15525	航空2水厂	2021-11-20	10:00:00	2214
15526	航空2水厂	2021-11-20	10:30:00	2236.3

图 3.8　2021 年二水厂流量序列中的零流量数据

航空2水厂	2021-8-1	20:00:00	4122
航空2水厂	2021-8-1	20:30:00	4109.4
航空2水厂	2021-8-1	21:00:00	4127.8
航空2水厂	2021-8-1	21:30:00	2342.2
航空2水厂	2021-8-1	22:00:00	2333.5

航空2水厂	2021-8-1	20:00:00	4113.4
航空2水厂	2021-8-1	21:00:00	2352.6
航空2水厂	2021-8-1	22:00:00	2345.8
航空2水厂	2021-8-1	23:00:00	2343.6

图 3.9 2021 年二水厂流量序列中的对应关系异常

2. 2021 年二水厂流量数据的整体特征

前已述及，按时间序列的流量数据并无明显特征，但对不同的流量区间进行分析，则具有较为明显的整体数据特征。通过对二水厂首端和尾端流量序列的分析可知，其流量大致分布于不连续的两个流量段，第一段为 $1600 \sim 2400 \mathrm{m}^3/\mathrm{h}$，第二段为 $3300 \sim 4300 \mathrm{m}^3/\mathrm{h}$ 区间。总的趋势为：①首端流量的趋势较为一致，数据较为集中，波动小；②尾端流量数据分布较为离散；③在小流量范围（第一段），尾端流量较首端为大的情况偏多，而在较大流量范围（第二段），虽然与第一段类似，但尾端流量数据更加均匀地分布于首端流量数据两侧。上述两区段流量数据见图 3.10。

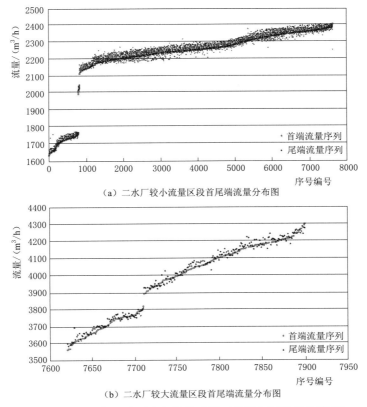

（a）二水厂较小流量区段首尾端流量分布图

（b）二水厂较大流量区段首尾端流量分布图

图 3.10 2021 年二水厂全年流量序列（首端和尾端流量序列）

3. 补偿模型在 2021 年二水厂的应用

按照 2019 年一水厂数据构建的补偿模型，在 2000～4000m³/h 流量区间 90％左侧节点流量下界为 $-5.8\text{m}^3/\text{h}$，右侧上界为 52.07m³/h。将此模型应用于 2021 年二水厂发现首尾端流量差平均收缩为原来的 0.67m³/h 左右，（即正负流量最大差值分别收缩 29.56m³/h 及 21.38m³/h）。通过对 2021 年二水厂全年首尾流量差序列按前述方法进行分析，同样取其 90％概率区间进行计算，得到其流量上下限为 $-34.05\text{m}^3/\text{h}$，40.40m³/h。总体上正负流量最大差值分别收缩了 43.19m³/h 及 30.74m³/h 个流量，见图 3.11。因此首尾端流量差在进行补偿后有较大幅度的减少，使其更接近真实流量。

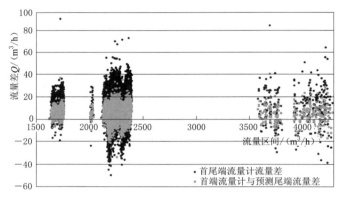

图 3.11　2021 年二水厂首尾端流量计及预测流量差

3.5　本章小结

本章首先对所获得的三个年份首尾端超声流量计的连续流量数据进行整理分析，在剔除异常数据后，对按时间序列的流量差数据进行析，发现从时间序列角度数据不具有明显可用的统计特征；之后从不同流量级别角度对 2019 年流量数据进行分析，发现其统计特征。在此基础上，利用算法对统计特征中发生概率小且流量差异大的数据进行搜索并剔除，形成补偿模型，将该模型应用于 2020 年一水厂及 2021 年二水厂各流量级别并与首尾端超声流量计的实测流量差异进行了比较，结果表明补偿模型能够有效去除极端随机因素以及不合理数据的影响，最大程度恢复和接近真实流量值。

第4章 基于薄壁堰的流量校核

4.1 研究思路

用于流量量测的流量计有多种，例如文丘里流量计、堰流流量计、涡轮流量计以及电磁流量计、超声波流量计等。这些流量计从量测原理、精度、适用环境等方面都各不相同。总体上来说，文丘里流量计、堰流流量计等采用的是基于水力学理论的量测方法，其优点是不用电、磁等水力学以外的量测手段，量测方法简单，测量精度高、受环境影响小，而其缺点是安装、观测略有不便。电磁流量计和超声流量计则是随着近代电磁理论、超声波理论的发展而诞生的新型流量计量设备，其特点是精度高、量测过程基本可实现自动化，其缺点是受水中介质、温度等环境影响较大。本章所涉及的南水北调河南省内输水管线中现有安装的流量计为超声波流量计，而这些流量计在实际运行中出现的同一管线中流量数据相互之间具有不一致的现象也从侧面反映了这些新型流量计可能受环境因素影响较大的缺点。

前期的主要思路为构建一种随水流运动的跟踪体，通过其随水流的运动时所量测的轨迹和流速来还原流量。而在实际研究中发现这种方法可行性不足，主要原因为两点：一是对于全封闭的输水管线，跟踪体的放入存在困难，而且在输水管线中还存在拐弯、闸阀等可能使得跟踪体的运动不可控；二是输水管线的出口是水厂的沉淀池，通过实地调研发现管道从底部进入沉淀池，无法确定跟踪体出管道后的具体位置和时间，因此其打捞也存在很大困难。因此否定了这一研究思路。而在水厂调研过程中，发现沉淀池尾端的集水装置恰好为薄壁堰形成的阵列，因此，流量测量的方案修改为以薄壁堰为基础的流量量测。

4.2 薄壁堰流量量测的基本原理

4.2.1 利用薄壁堰进行流量量测的原理及可行性

如前所述，在项目调研中发现，一水厂沉淀池尾端安装了 54 行×22 列的薄壁堰型集水装置（阵列），见图 4.1，客观上满足利用薄壁堰测流量条件。最终确定采用基于薄壁堰的流量量测方案，除了尾端薄壁堰型的集水阵列满足量测条件外，还有如下几个原因：

（1）由于输水管道上的首端及尾端安装的均是超声流量计，现已出现其数据不一致的情况，要对管道输水实际流量进行计量和校核，需要采用不同于超声流量计的独立方法才能满足客观性。

（2）基于薄壁堰的流量量测虽然是较早出现的基于水力学理论的量测方法，但其准确性是得到广泛承认的，并且这种量测方法不使用电、磁等现代方法，基本不受环境影响。

（3）为提高其量测效率和自动化程度，可增加自动水位量测装置，根据其量测的水位高低变化结合薄壁堰流，即可实现对流量的自动、连续观测。

基于此，研究从水力学原理出发，利用薄壁堰测流，并与其他方法相互对比和验证，从而给出较为完整的流量验证方案。

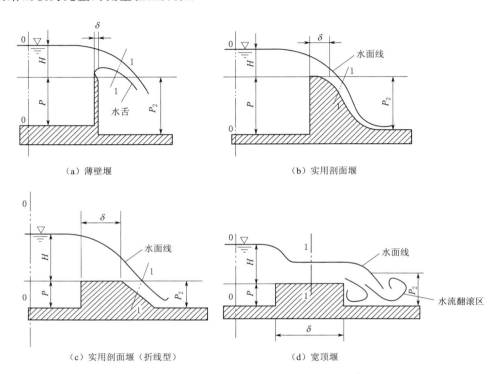

（a）薄壁堰　　　　　　　　　　　　　　　　（b）实用剖面堰

（c）实用剖面堰（折线型）　　　　　　　　　　（d）宽顶堰

图 4.1　主要堰型及其基本参数

4.2.2　薄壁堰测流量的基本原理

缓流中，为控制水位和流量而设置的顶部溢流的障壁称为堰，缓流经堰顶部溢流而过的急变流现象称为堰流。在水利工程、给排水工程、道桥工程中，堰是主要的泄流构筑物和流量测量设施。

根据堰顶厚度 δ 与堰上水头 H 的比值范围将堰分为三类：薄壁堰 $[(\delta/H)<0.67]$、实用堰 $[0.67<(\delta/H)<2.5]$ 和宽顶堰 $[2.5<(\delta/H)<10]$。当堰宽增至 $\delta>10H$ 时，沿程水头损失不能忽略，流动已不属于堰流。

堰流类型见图 4.1，其中 H 为堰顶水头，P 为堰高，δ 为堰坎厚度。

水流受到堰墙或者两侧边墙阻碍，使之上游水壅高，至一定高度时，水流沿堰顶溢流下泄，溢流水股的上表面不受外界任何约束，而为一连续自由降落水面，这种过流称之为堰顶溢流。

本节研究采用的是薄壁堰测流量法。薄壁堰又称锐缘堰，是堰顶厚度 $\delta<0.67H$ 的堰型。此时水舌形状和过堰流量不受堰顶厚度的影响。当堰顶厚度很薄时，过堰水流发生垂

向收缩，水面呈单一降落曲线，水舌下缘与堰顶只有线的接触。薄壁堰溢流具有稳定的水头与流量关系，常用于实验室和灌溉渠道的测流，渠道上的叠梁闸门可近似按薄壁堰流计算。

由于堰壁较薄，此种堰难以承受过大的水压力，故上游水头过大时不宜使用。薄壁堰的堰壁很薄，它和过堰水流只有一条边线接触，堰顶厚度对水流无影响。

按堰口形状的不同，薄壁堰可分为矩形堰、三角形堰、梯形堰等，三角形堰通常用于量测较小流量，矩形堰和梯形堰用于量测较大流量。

对于三角形薄壁堰而言，当所需测量的流量较小时，若应用矩形薄壁堰，则水头过小，水舌在表面张力作用和动水压力的作用下很不稳定，可能出现过堰水舌紧贴堰壁下泄形成所谓贴壁堰流，不能保持稳定的水头流量关系，量测误差较大。因此，当流量小于100L/s时，需改用三角形薄壁堰量测其流量。三角堰的过堰的水面宽度随水头而变，小水头时水面宽度小，流量的微小变化将引起水头的较大变化，因而测量的精度较高。故三角堰是测量较小流量的理想堰型。本节研究所涉及一水厂尾端集水薄壁堰阵列中的薄壁堰为三角形薄壁堰，现场拍摄照片见图4.2，经过对图像进行量测，其三角堰张开角度约为97.0°。

图 4.2　一水厂尾端集水薄壁堰

在一般堰流公式基础之上，根据三角形薄壁堰的堰型几何特点，可以推导得到如下几个较常用的堰流流量公式。

普通三角堰流量公式：

$$Q = C_0 H^{2.5} \tag{4.1}$$

其中

$$C_0 = 1.354 + \frac{0.004}{H} + \left(0.14 + \frac{0.2}{\sqrt{P_1}}\right)\left(\frac{H}{B} - 0.09\right)^2$$

汤普森公式：

$$Q = 1.4 H^{2.5} \tag{4.2}$$

H. W. King 公式：

$$Q = 1.343 H^{2.47} \tag{4.3}$$

以上各式中：H 为堰上水深；P_1 为上游堰高；B 为堰的最大宽度；Q 为三角形薄壁堰过流流量，m^3/s；H 为堰顶水头，m。

H 的几何意义见图4.3。

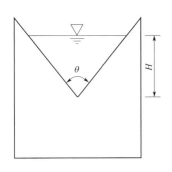

图 4.3　三角形薄壁堰的主要几何尺寸

4.3　基于薄壁堰的流量量测

4.3.1　测量区域情况及人工测量

通过对一水厂沉淀池系统的现场调研可知，其尾端的集水区由 54 行（一行由两排组成）×22 列三角形薄壁堰形成的阵列组成。现场照片及厂区分布示意图分别见图 4.4 及图 4.5。

图 4.4　沉淀池

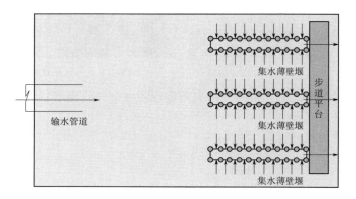

图 4.5　输水管道、沉淀池及薄壁堰阵列相对位置示意图

由图 4.5 中可以看出，输水管线将水流输入到沉淀池后，经过一定距离的静水区域，在尾端由集水薄壁堰阵列分别流入相应流槽后进入下一工序。当输水管线输入流量产生变化后，由于沉淀池体积大，因此，其流量变化将使得池内水面产生缓慢变化，在某一瞬时可以认为水位保持不变。研究首先通过人工方法进行水位及相关参数的测量，之后再通过安装水位跟踪设备以及图像处理等方法实现流量的自动测量。

如图 4.6（a）所示，设步行平台至薄壁堰顶距离为 h_1，至三角堰水面距离为 h_2，两个参数在现场经过多次量测得到 $h_1=38.5\text{cm}$，h_2 则是一个随着水位变化而变化的值，则 h_2-h_1 为堰顶到水面的距离；B 为三角堰堰顶的宽度；α 为三角堰张开角度；H 为堰顶到堰底的距离。由如图 4.6（b）可知存在下列几何关系：

$$\frac{\dfrac{B}{2}}{H}=\tan\frac{\alpha}{2}\longrightarrow H=\frac{\dfrac{B}{2}}{\tan\dfrac{\alpha}{2}} \tag{4.4}$$

现场量得三角堰顶宽度 B 为 20cm，因此可由上式求得堰顶到堰底的距离 H。
且有堰顶水头

$$h_水 = H - (h_2 - h_1) \qquad (4.5)$$

最后代入 $Q = 1.4 h_水^{2.5}$ 求得流量。（此处求得流量的单位是 $\mathrm{m^3/s}$，还可换算为 $\mathrm{m^3/h}$。）

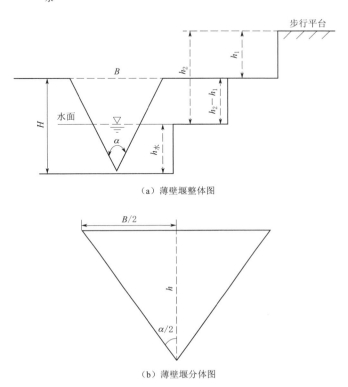

（a）薄壁堰整体图

（b）薄壁堰分体图

图 4.6　现场三角薄壁堰的主要几何关系

除安装自动水位仪外，还对图 4.6 所示的各参数进行了详细的人工量测。同时从上午 10：30：00 开始至下午 15：30：00 之间，对水位进行量测，并将现场测得的各量代入上述公式，汇总于表 4.1，并绘制图 4.7。

表 4.1　基于薄壁堰的人工量测流量值与超声波量测流量对比（2020 年 12 月 24 日）

量测时间	超声流量计平均流量 /(m³/h)	人工量测流量值			
		$H - (h_2 - h_1)$/m	Q_1/(m³/s)	Q_2/(m³/h)	$\sum Q$/(m³/h)（54m×2m×22m 薄壁堰溢流孔）
10：30：00	9106.6	0.0566	0.001067012	3.8412	9116.6
11：00：00	9138.6	0.0566	0.001067012	3.8412	9116.6
11：30：00	9105.8	0.0566	0.001067012	3.8412	9116.6
12：00：00	9106.2	0.0566	0.001067012	3.8412	9116.6
12：30：00	9117.4	0.0566	0.001067012	3.8412	9116.6
13：00：00	9122.8	0.0566	0.001067012	3.8412	9116.6

续表

量测时间	超声流量计平均流量/(m³/h)	人工量测流量值			
		$H-(h_2-h_1)/m$	$Q_1/(m^3/s)$	$Q_2/(m^3/h)$	$\Sigma Q/(m^3/h)$ (54m×2m×22m 薄壁堰溢流孔)
13：30：00	9097.9	0.0566	0.001067012	3.8412	9116.6
14：00：00	9123.8	0.0566	0.001067012	3.8412	9116.6
14：30：00	9108.7	0.0566	0.001067012	3.8412	9116.6
15：00：00	9097.2	0.0566	0.001067012	3.8412	9116.6
15：30：00	9128.9	0.0566	0.001067012	3.8412	9116.6

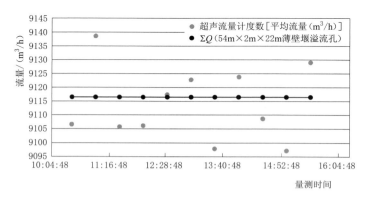

图 4.7　薄壁堰量测与同时段超声流量计量测对比

从表 4.1 及图 4.7 可得出以下结论：

（1）超声流量计读数（平均流量），从上午 10：30：00 开始至下午 15：30：00 不断波动，其最大值与最小值的差别为 41.4m³/h。在这一短暂供水周期内平均流量值有这样的波动实际上可能并不是真实流量情况，而是其中包括了一些随机因素影响或者超声流量计本身计数的随机误差等。

（2）由人工量测数据代入薄壁堰流量公式得出流量值，在整个量测时段中，水位基本保持一个恒定值，因此所测流量基本为一恒定值。通过将人工量测值与超声流量计量测值绘制于同一坐标系中可以发现，测量值基本穿过了超声流量计测量值的数据点中部，可以很好地消除随机因素影响，从而反映这一时段的平均流量情况，以此值作为流量实际计量数据更为合理。

4.3.2　基于自动水位仪的薄壁堰量测（24h 周期）

4.3.1 节的人工测量主要是为了初步验证基于薄壁堰测量流量的可行性与能达到的精度，显然在真实的生产场景中无法做到长时间的人工测量，因此本研究专门设计了基于自动水位仪的薄壁堰自动测流量方法。其大致方法就是通过自动水位仪，对沉淀池中的水位实施高精度、长时间的连续观测，然后将水位数据通过几何关系转化为前一节所介绍的薄壁堰流量公式所需的相关参数，从而获得流量的连续变化。本节作为初步测试，对 2020 年 12 月 27 日 0：00：00 至 23：30：00 的流量进行了连续测量和计算，数据列于表4.2，制作成图4.8。其中图4.8（a）为2020年12月27日全天的流量对比。由于该天时段内前后半段流量差别较大，图4.8（a）中，两个时段的流量跨度大，而不同时段的"超声流量计"数据和"基于自动水位仪"的差异相对于这个流量跨度太小，不易体现出差异，因此将0：00：00至9：30：00和10：00：00至23：30：00两个时段分别绘制为图4.8（b）和图4.8（c），从而显示各部分的流量对比细节。

表4.2　　　　　　　　　　**2020年12月27日超声流量计与薄壁堰测流量对比**

时　间	超声流量计数据/（m³/h）	根据水位仪使用薄壁堰计算的流量/（m³/h）
0：00：00	6243.5	6243.3
0：30：00	6237.0	6243.1
1：00：00	6234.8	6244.3
1：30：00	6237.7	6244.4
2：00：00	6246.0	6242.5
2：30：00	6240.2	6243.4
3：00：00	6248.5	6243.3
3：30：00	6259.3	6243.9
4：00：00	6239.5	6244.1
4：30：00	6248.2	6244.3
5：00：00	6239.9	6242.8
5：30：00	6253.6	6244.0
6：00：00	6247.8	6244.0
6：30：00	6239.9	6242.4
7：00：00	6251.4	6242.2
7：30：00	6237.4	6243.5
8：00：00	6253.2	6244.9
8：30：00	6244.6	6243.0
9：00：00	6231.2	6243.7
9：30：00	8358.5	6242.6
10：00：00	8338.0	8337.0
10：30：00	8348.8	8338.5
11：00：00	8351.3	8336.7
11：30：00	8348.4	8334.6
12：00：00	8343.4	8338.2
12：30：00	8343.4	8340.1
13：00：00	8346.2	8341.3
13：30：00	8320.7	8335.1
14：00：00	8339.8	8338.5
14：30：00	8334.7	8337.7

续表

时　间	超声流量计数据/(m³/h)	根据水位仪使用薄壁堰计算的流量/(m³/h)
15：00：00	8330.8	8334.2
15：30：00	8339.0	8336.7
16：00：00	8342.3	8335.4
16：30：00	8347.0	8340.2
17：00：00	8328.2	8336.5
17：30：00	8345.9	8338.2
18：00：00	8348.8	8335.4
18：30：00	8325.0	8338.7
19：00：00	8322.5	8336.1
19：30：00	8329.7	8339.1
20：00：00	8340.8	8339.4
20：30：00	8327.5	8339.9
21：00：00	8332.2	8337.6
21：30：00	8331.8	8334.8
22：00：00	8348.4	8335.9
22：30：00	8346.6	8341.1
23：00：00	6220.4	8335.3
23：30：00	6238.4	8340.4

　　从 2020 年 12 月 27 日全天的自动连续测量结果来看，其供水流量分为两个阶段，一是从凌晨 0：00：00 至上午 9：30：00 时段，流量在 6230～6260m³/h 之间，二是从上午 10：00：00 至晚上 22：30：00 时段，流量在 8320～8360m³/h 之间波动。图 4.8（a）可以反映出当天总体流量特征。从该图中可以看到使用水位仪＋薄壁堰测量的流量过程与尾端超声波流量计实测流量数据的趋势吻合并且数值非常接近（晚上 23：00：00 后有两个流量数据不吻合，结合后续数据可知，主要原因是水位计量略有滞后所导致）。从图中可以看出，有别于前面所述的人工量测，使用了自动水位仪后，在全天时间尺度上可以跟踪到水位变化，因此所得的薄壁堰流量也呈现一定波动情况（如图中“●”点群所示）。在 0：00：00 至 9：00：00 时间段，超声流量计的流量波动幅度为 28.1m³/h，基于薄壁堰的流量波动为 2.7m³/h；而在 10：00：00 至 22：30：00 时间段，超声流量计的流量波动幅度为 30.6m³/h，而基于薄壁堰的流量波动为 7.1m³/h。因此与尾端超声波流量计的流量数据相比，尾端的超声流量计记录的流量数据在两个时间段内的波动值明显大于薄壁堰量测结果。因此，结合图 4.8 三张图来看，基于自动水位仪与薄壁堰的量测方案，不仅能正确反映流量变化趋势（特别是流量确实有较大变化情况），同时，在同一流量级别的情况下，其波动值又远小于超声流量计所测数据的波动值，有效过滤了非真实的流量量测误差造成的波动，量测也具有较高的稳定性。

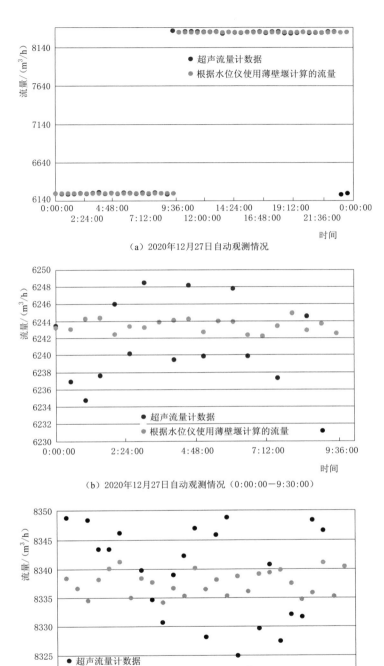

（a）2020年12月27日自动观测情况

（b）2020年12月27日自动观测情况（0:00:00—9:30:00）

（c）2020年12月27日自动观测情况（10:00:00—23:30:00）

图 4.8　2020 年 12 月 27 日全天薄壁堰量测与超声流量计量测对比

4.3.3　基于自动水位仪的薄壁堰量测（15 天连续流量测量）

在进行了人工量测（24h 周期）后，为验证基于薄壁堰＋水位仪量测方案在更长时间尺度上的有效性，将安装水位仪后（2020 年 12 月 24 日安装）的 2021 年 1 月 1 日 0：00：00 至 1 月 15 日晚 23：30：00 的 15 天时间区段内自动水位计数据代入薄壁堰公式，计算长时段连续流量并与同时段的尾端超声流量计所测流量进行对比分析，对比图见图 4.9（a）和图 4.9（b）中。

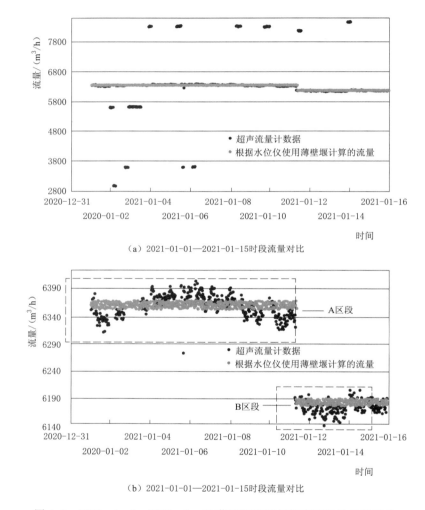

（a）2021-01-01—2021-01-15时段流量对比

（b）2021-01-01—2021-01-15时段流量对比

图 4.9　2021－1－1—2021－1－15 薄壁堰量测与超声流量计量测对比

图 4.9（a）为 15 天内所有流量的对比。图中"●"点所代表的数据为水位仪＋薄壁堰量测的流量，"●"为同时段超声流量计所测流量。图 4.9（b）为忽略了超声流量计过大波动值后的数据，从中可以看到水位仪＋薄壁堰测量与超声流量计较为详细的数据对比。

两幅图显示了流量数据的如下几个特点：

1）超声流量计数据存在数据波动过大的情形（如图中"●"所示），例如 1 月 2 日在当天 5：00—6：00 流量就在 2960.6～6363.4m³/h 区间剧烈波动，这种短时间内流量大幅度波动是非正常的。在图中还能清晰地看到其他个别时段也有较大波动。

2）由图 4.9（a）中可以看到，水位仪＋薄壁堰量测的流量（"●"点群）未出现大幅度的数据波动，并且绝大多数时段内均与超声流量计数据的趋势一致。

3）由图 4.9（b）中可以看出，水位仪＋薄壁堰量测流量与超声流量计都呈现出 1 月 11 日前流量大致分布在 6360m³/h，而之后直至 1 月 15 日流量分布在 6170m³/h 左右的规律性。同时薄壁堰所得流量点均穿过相应时段的"●"点群的中间位置，说明两者在统计规律上均能反映当时的输水流量。

4）图 4.9（b）中还可以看到薄壁堰法的"●"点群在纵坐标方向上的波动小于超声流量计的"●"点群，从而可以过滤掉由于某些随机因素造成的过大的流量变化，消减随机误差，使得测量更加稳定。

4.4　统计补偿模型与薄壁堰流量计算的对比

如前所述，已通过两种方法，即：统计补偿模型和薄壁堰流量计算方法对流量进行校核。现对这两种方法进行初步比较。需要说明的是，由于薄壁堰的实际观测数据量的限制（2020 年 12 月 27 日 0：00：00 至 23：30：00 一天的数据，以及 2021 年 1 月 1 日 0：00：00 至 1 月 15 日晚 23：30：00 的 15 天的数据），本次比较数据即依据这 15 天的流量数据进行。

从上述时间段 15 天的超声流量计记录的流量数据可知，这一时间范围内的流量主要分布于 6140～6410m³/h，因此，根据补偿模型（表 3.1 所获得的参数），选取流量级别为 6000～7000m³/h，90％概率上下界分别取 −10.2m³/h 和 66.69m³/h 进行计算，得到基于补偿模型的预测流量，分别为如图 4.10 中的"●"点群所示，"●"点群则为超声流量计实际测量流量。

图 4.10（a）所示的流量区段实际上与图 4.9（b）中虚线框所标出的 A 区段为同一时间段。而图 4.10（b）则与图 4.9（b）中虚线框所标出的 B 区段为同一时间段。

对比上述相应区段的流量数据可以得出如下结论：

1）在 6140～6200m³/h 以及 6310～6410m³/h 两个流量区段（同时也是时间区段），薄壁堰方法计算出的预测流量未随超声流量计数据出现大幅度的数据波动，并且绝大多数时段以接近水平线的模式穿过超声流量计数据区域；而补偿模型得到的预测流量则随时间按照超声流量计数据的总体分布趋势产生了相应的起伏，同时数据总体上处于一个较窄的条带内。这一现象意味着虽然两种方法都能反映流量总体趋势且都能在一定程度上减小超声流量计的随机误差，但补偿模型能够更好反映扣除误差后实际流量数据细微的波动情况，而薄壁堰方法由于水位仪采样的频率及滞后效应，则将这部分细微波动进行了"均化"，因此虽然短时段内两者差别不是很大，但要在一个更长时间区段（例如 1 个月～1 年）内将这些流量过程进行累加进行总水量计算，则由于考虑了每个时间点的流量波动情况，补偿模型显然较薄壁堰计算方法能得到更接近真实的水量数值。

2）对图 4.9 及图 4.10 中补偿模型与薄壁堰方法在相邻流量观测时间点上的流量离散

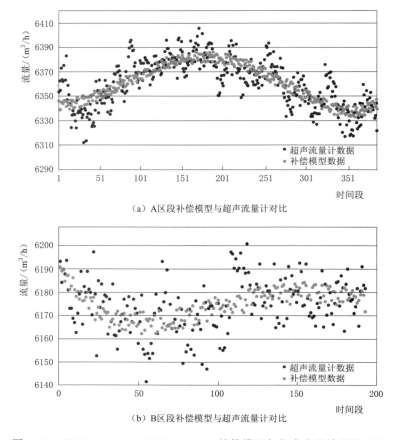

（a）A区段补偿模型与超声流量计对比

（b）B区段补偿模型与超声流量计对比

图 4.10　2021 - 01 - 01—2021 - 01 - 15 补偿模型与超声流量计量测对比

程度的"缩窄"情况看（即：以超声流量计在相邻流量测量时间上的流量差值为最大值，利用补偿模型和薄壁堰方法剔除了不合理的随机流量误差后，流量差异的减小值所占的百分比），补偿模型使得预测流量的变幅平均缩窄到原来的 30％～40％ 左右，而薄壁堰模型由于其"均化"作用，在不同区域反而缩窄幅度差异较大，约为 40％～65％。很显然，总体上看，即使在短时间段范围内，补偿模型也对非正常的流量变化具有更好的抑制作用。

3）还需要指出的是，由于上述两种方法解决问题的角度和机理不同，薄壁堰方法在仪器设备调试和安装完备的情况下，比较适合于长期自动记录、实时观测；而补偿模型本质上是一种基于概率的对数据进行的数理方法，因此，要获得更高的精度，则不断使用最新数据对早期模型进行迭代和修正是十分必要的。

4.5　本章小结

本章首先对常见的流量测量方法进行阐述，指出各自优缺点。通过现场调研，提出利用一水厂集水薄壁堰阵列的有利条件，采用薄壁堰方法进行流量测量。在对薄壁堰测流量的基本理论进行阐述的基础上，对与计算相关的薄壁堰阵列区域相关尺寸进行了实地测量。通过人工短时间量测、基于自动水位仪的 24h 及连续 15 天三种不同时间尺度下的流量详细测量和计算，并与厂区已安装的超声流量计量测结果的对比发现，利用本章提供的基于自动水位仪＋薄壁堰阵列的测量方法，不仅可以最大限度地减小随机因素造成的首尾端流量差异，而且量测结果较为稳定且具有连续自动采集的特点，可作为超声流量计的第三方校核及数据修正方法。

第5章　基于图像处理的流量在线校核

在前面几章，已述及在中线工程 GQ 水厂安装一些流量计等仪器，对进口流量和出口流量进行检测和计量。但受到多种因素的影响，进口流量和出口流量的两部分数据存在一定差异。因此，需要研究和设计较准确的新测流量方法，对于整个供水系统的长期高效运行至关重要。

本章主要内容是设计基于图像处理法的流量检测系统，实现流量非接触在线测量。本章首先研究基于光流法的流速测量基本理和技术路线，并介绍实验过程和误差分析；然后利用数字图像处理方法对水位在线测量，介绍水位测量的研究内容和水位图像处理的过程；最后基于图像处理的水流和水位的在线测量，给出图像处理法在线测量水量的实际应用。

5.1　光流法测流理论及技术路线

5.1.1　光流法理论基础

液体和气体统称为流体。液体较倾向于保持原有的体积。而且当其上方没有受限制时，在重力场的作用下，会形成一个自由面（free surface）。从力学观点而言，流体和固体的差别在于它们所能抵抗外力的相对能力。流体几乎无法承受拉力，而且只有在密闭容器内才能承受压力。此外，静止中的流体无法承受剪力，只有当流体中的质点有相对运动时，才能承受剪力；只要施一个剪应力在流体上，流体就会连续不断地运动。不同流速的流体外在表现出不同的光流现象，具有不同的流动特征。

光流（optical flow）的概念是吉布森于 1950 年首先提出来的。当人的眼睛观察运动物体运动时，它的运动景象会在视网膜上呈现出一系列不间断变化的图像。这些信息不间断地流经视网膜平面，就像是一种光的"流"，因此被称之为光流。在某个光源的照射下，物体表面的灰度会表现出一定的明暗模式，这被称之为灰度模式。光流表示的是图像中像素的灰度模式运动速度，它反映了在时间间隔 dt 内由于运动所造成的图像变化。

光流描述了图像的变化情况，包含了丰富的运动目标信息。光流信息可以被观察者用来检测图像序列中的运动目标，还可以用于机器人、自动导航、智能系统中。光流有三个基本要素：首先形成光流的必要条件就是存在运动（速度场）；其次是包含光学特征的部位，如含有灰度信息的像素点；最后是能观察到从场景到图像平面的成像投影。

5.1.2　基于单帧成像的梯度下降法

人们基于不同的理论基础提出各种光流的计算方法。巴伦等对光流技术进行了总结，以理论基础与数学方法为划分依据，把光流计算方法分成以下 5 种。

（1）基于匹配的方法。

（2）基于能量的方法。

（3）基于相位的方法。

（4）基于梯度的方法。

（5）神经动力学的方法。

在本章实验中主要运用的是基于单帧成像的梯度下降法测量流体流速。三维物体的实际运动在图像上的投影称为运动场，由图像中每个像素点运动矢量总和构成。

如图 5.1 所示，在单帧图像中，假设在时刻 t，三维物体上的一个点 p_o 相对于摄像机镜头以速度 v_o 在指定三维空间内运动，其在摄像机投影平面上的对应投影点 p 的速度为 v_o，在研究时通过程序对这个过程进行计算。$h(\theta)$ 是摄像机投影平面上的拟合函数，可表示如下：

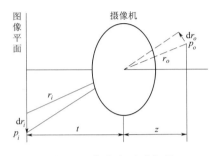

图 5.1　像素点运动矢量

$$h(\theta) = \theta_0 + \theta_1 x_1 + \cdots + \theta_n x_n$$
$$= \sum_{k=0}^{n} \theta_k x_k \tag{5.1}$$

式中：$h(\theta)$ 为拟合函数，θ 为常数项，又称为截距；x 为自变量；$\theta_i (i = 1, 2, \cdots, n)$ 为除 x_i 以外的其他自变量固定的情况下，x_i 变化一个单位，相应 $h(\theta)$ 的平均变化值，也表示每个自变量对因变量的影响程度。

函数 $h_\theta(x^i) - yi$ 是需要进行最优化的风险函数，其中的每一项都表示在已有的训练集上通过拟合函数与 y 之间的残差，计算其平方损失函数作为构建的风险函数。

$$\min_\theta J_\theta \propto J(\theta) \tag{5.2}$$

式中 $J(\theta)$ 为多变量函数的目标函数，这里乘以 1/2 是为了方便后面求偏导数时结果更加简洁，而且对求解风险函数最优值没有影响。计算目标就是要最小化风险函数，使得拟合函数能够最大程度的对目标函数 r 进行拟合，即

$$\min_\theta J_\theta \propto J(\theta) = \frac{1}{2m} \sum_{k=1}^{m} \left[h_\theta(x^k) - r \right]^2 \tag{5.3}$$

式中 $\min_\theta J_\theta \propto J_\theta$ 为函数极小值对应的 θ，根据图中几何对应关系，速度 v_o 和 v_i 可以表示为

$$v_i = \frac{\mathrm{d}r_i}{\mathrm{d}t}, v_o = \frac{\mathrm{d}r_o}{\mathrm{d}t} \tag{5.4}$$

$$\frac{1}{f} r_i = \frac{1}{r_o z} r_0 \tag{5.5}$$

式中：f 为摄像机焦距，即图像平面到光学中心的距离；z 为 Z 轴的单位矢量。

一般情况下，物体的运动在图像变化上表现为特定像素亮度属性的瞬间变化。把像素的瞬时运动矢量定义为光流，所有像素光流的集合便成为光流场。从理论上分析，光流场和运动场是相互对应的，有光流就一定有运动场，但有运动场不一定就能够产生光流。但在图像中只能观测到光流场，所以常常用光流场代表图像平面的速度矢量场。

5.1.3　技术路线

基于光流法的流速检测量法可通过摄像头实时获取不同时间的水流流速图像，然后应用数字图像处理的方法，对不同时间的流速进行量化检测，其流程图见图 5.2。

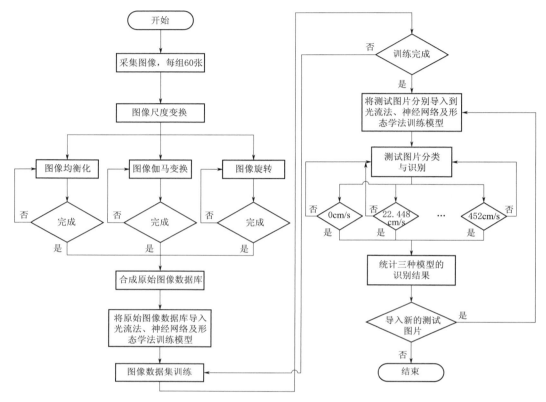

图 5.2　基于图像处理的流速识别模型流程图

模型首先以 0.30m/s 的恒定流速为基础，采集时长最短 1s，最长 10s，共 10 组图像，每组 60 张；然后在对图像进行尺度变换的基础上，选择适当的区域，再对图像进行灰度转换，图像增强等操作。

最后在 Matlab 软件上搭建工作平台，获取所需的数据，再对不同的数据进行处理，得出可行的数据公式，进行流速的量化识别。同时为比较各种算法的优良性，研究还使用了神经网络（neural networks）算法和形态学（morphological approach）算法分别对测试图像进行流速分类与识别。

5.2　测流图像处理过程

5.2.1　实验过程

实验建立了 120cm×60cm×80cm 水槽；使用 2.1L/h 抽水泵和 10mm×120cm 软管；同时使用摄像头一部和计算机一台，实验模型见图 5.3。

（a）实验水槽

（b）水泵

（c）实验过程

（d）获取图像

图 5.3 水槽实验模型

实验时，用水泵向水槽中注入一定量的水，使水面高度适当；打开水泵使水泵的输水口在水面的下方向水槽一侧输水，在接近输水口近侧会产生一定流速。待水面波纹平稳，在波纹平稳处取点；待水面波纹平稳，在取点处用拍摄仪器进行取景，拍摄出水面波纹动态变化，将采集到的水流流速输入已准备好的流速模型程序中进行计算，得出实验中水体流速。通过多次模拟实验，算出平均值，减小实验误差。

读取水泵功率及长管横截面积，利用物理方法计算得出水体流速，用实验计算出的流速与理论计算出来的流速进行数据对比，计算实验误差，验证实验数据的准确性，并分析实验原理的合理性。

应用光流法测量流速时候，需要注意用拍摄仪器取景时水面波纹平稳后再进行拍摄，观测该时段的水面波纹变化。若水面波纹波动变化不平稳则说明水面波动一定程度上受到冲击力的影响，较大造成实验误差。水泵输水口应在水面下方，应防止输水口因角度过高造成实验误差，对水面波动有较大影响，造成较大实验误差。注意在实验进行前，需要将水槽内部清理；同时，进行实验时检查水中杂质是否明显，水中杂质明显会干扰模型计算，造成误差。

5.2.2 图像采集

研究通过水泵抽取净水在水槽中，通过水流产生的冲击力形成波纹图形进行图像采集。将水泵固定在出水口，将水流不断的抽取后输送到水槽尽头，再用测速仪进行精准测试，从而得到不同时间的水流流速。水泵的规格是额定功率 25W，产生固定冲击力的水流，其他条件不变，可以认为水流速度恒定。使用标准测速仪，选取适当位置进行测量，每次测量三次，取其平均值，故可得到固定时间段的水的流速。所有图像分三次采集（即独立重复实验三次），每次采集 11 组，每组 25 张。分组后见表 5.1。

表 5.1　　　　　　　　　　　　　　流　速　分　组

时间/s	1	2	3	4	5	6	7	8	9	10	11
流速/（m/s）	0.28	0.29	0.30	0.28	0.27	0.27	0.26	0.27	0.25	0.27	0.30

5.2.3　图像尺度变换

图像尺度变换可以在一系列的空间尺度上提取一幅图像的空间信息，从而得到从小区域的细节到图像中大的特征信息。研究实验前期，图像采集主要是使用手机进行拍摄，为保证图片数据的一致性和后续模型的训练，本研究将图像像素统一缩小至 128×128 像素，采用拉普拉斯分解法进行尺度变换。

将图像 L_l 进行内插得到放大图像 L_{l-1}，使 L_l 的尺寸与 L_{l-1} 的尺寸相同，表示为

$$L_l(i,j) = 4 \sum_{m=-2}^{2} \sum_{n=-2}^{2} \omega(m,n) L_{l-1}\left(\frac{i+m}{2}, \frac{j+n}{2}\right) \tag{5.6}$$

式（5.6）中 $L_l(i,j)$ 为源图像；l 为图像层数；m 和 n 为 ω 的行数和列数；i 和 j 为图像 $l-1$ 尺度下像素的行数和列数，L_{l-1} 满足以下条件

$$L_{l-1}\left(\frac{i+m}{2}, \frac{j+n}{2}\right) = \begin{cases} L_{l-1}\left(\dfrac{i+m}{2}, \dfrac{j+n}{2}\right), & \text{当} \dfrac{i+m}{2}, \dfrac{j+n}{2} \text{为整数时} \\ 0, & \text{其他} \end{cases} \tag{5.7}$$

式（5.6）中系数 4 是指每次能参与加权的项的权值和为 4/256，这个与 ω 的值有关。ω 是一个二维可分离的 5×5 窗口函数，表达式为

$$\omega = \frac{1}{256} \begin{bmatrix} 1 & 4 & 6 & 4 & 1 \\ 4 & 16 & 24 & 16 & 4 \\ 6 & 24 & 36 & 24 & 6 \\ 4 & 16 & 24 & 16 & 4 \\ 1 & 4 & 6 & 4 & 1 \end{bmatrix} = \frac{1}{16}\begin{bmatrix} 1 & 4 & 6 & 4 & 1 \end{bmatrix} \times \frac{1}{16}\begin{bmatrix} 1 \\ 4 \\ 6 \\ 4 \\ 1 \end{bmatrix} \tag{5.8}$$

令

$$\begin{cases} KP_l = L_l - L_{l+1}, & \text{当} 0 \leqslant l \leqslant N \text{ 时} \\ KP_N = G_N, & \text{当} l = N \text{ 时} \end{cases} \tag{5.9}$$

式（5.9）中：N 为拉普拉斯分解顶层图；KP_l 是拉普拉斯分解的第 l 层图像。

由 KP_0、KP_1、KP_l、KP_N 构成的金字塔即为拉普拉斯金字塔。它的每一层图像是高斯金字塔本层图像与其高一级的图像经内插放大后图像的差，此过程相当于带通滤波，因此拉普拉斯分解又称为带通金字塔分解。

5.2.4　图像增强与灰度变化

图像识别过程中，将彩色图片转化为灰度图片，可以很好地保证图片特征的完整性，减少数据的计算量，对所求特征进行直观的观察，所以将 RGB 三通道的彩色图片转化为

灰度图片是必要的。图像灰度化处理有以下几种方式。

（1）分量法。将彩色图像中的三分量的亮度作为三个灰度图像的灰度值，可根据应用需要选取一种灰度图像。

$$\begin{cases} Gray_1(i,j)=R(i,j) \\ Gray_2(i,j)=G(i,j) \\ Gray_3(i,j)=B(i,j) \end{cases} \tag{5.10}$$

（2）最大值法。将彩色图像中的三分量亮度的最大值作为灰度图的灰度值。

$$Gray(i,j)=\max\{R(i,j),G(i,j),B(i,j)\} \tag{5.11}$$

（3）平均值法。将彩色图像中的三分量亮度求平均得到一个灰度值。

$$Gray(i,j)=[R(i,j)+G(i,j)+B(i,j)]/3 \tag{5.12}$$

（4）加权平均法。根据重要性及其他指标，将三个分量以不同的权值进行加权平均。由于人眼对绿色的敏感最高，对蓝色敏感最低，因此，按下式对 RGB 三分量进行加权平均能得到较合理的灰度图像。

$$Gray(i,j)=0.299R(i,j)+0.578G(i,j)+0.114B(i,j) \tag{5.13}$$

（5）伽马校正法。伽马校正用来对照相机等电子设备传感器的非线性光电转换特性进行校正。如果图像原样显示在显示器等上，画面就会显得很暗。伽马校正通过预先增大 RGB 的值来排除影响，达到对图像校正的目的。由于物理亮度由功率决定，与功率成正比，而人眼对亮度的感知与功率并不成正比，而是幂函数的关系，这个函数的指数我们通常称作伽马（gamma）值，符号为 γ。伽马值通常在 $1.8 \sim 2.6$ 之间，在绝大多数发光设备上，这个值取的是 2.2。颜色光亮度的合成是遵循物理亮度的，其中 RGB 三原色心理亮度比为 $1:1.5:0.6$，故物理亮度比为 $1:1.5^{2.2}:0.6^{2.2}$。因此对于某种颜色的亮度有：

$$B_1=\sqrt[2.2]{\frac{R^{2.2}+(1.5G)^{2.2}+(0.6B)^{2.2}}{1+1.5^{2.2}+0.6^{2.2}}} \tag{5.14}$$

式中：B_1 为颜色亮度；R 为红色亮度；G 为绿色亮度；B 为蓝色亮度。

作为优选，本章采用伽马校正法来提取图像灰度值。

5.2.5　图像数据库

原始图像数据库经过裁剪后化为统一规格的图片，每秒各 25 张，总共 11 组，275 张图片，将这些图片分别经过光流法、暗通道和帧间差法处理，得到 825 张图片的数据。研究后期如果需要，可以改进图像增强算法，与原始算法做比较，增大原始图像数据。

5.3　流速量化模型建立及结果分析

5.3.1　HOG＋SVM 光流原理

HOG 特征是一种在计算机视觉和图像处理中用来进行物体检测的特征描述子，其通过计算和统计图像局部区域的梯度方向直方图来构成特征。研究将 HOG 特征与 SVM 分

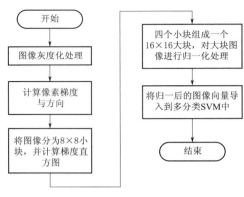

图 5.4　HOG＋SVM 实现流程图

类器进行结合，从而进行水流流速的识别与分类。实现步骤见图 5.4。

5.3.2　形态学法

本次实验使用基于形态学法处理水流图片。通过形态学处理的图片最符合人眼直观感受，更有利于对图像进行更准确的判断。对水流速图片进行形态学的相关处理，如视频中的图片提取、将图片灰度化、图像的重点区域增强、图像的二值化，可得到较为明显的水波纹图片，再依据处理过程中得到的有用数据，如灰度增强图像的均值与方差、黑白图像的均值与方差，通过特定的数学公式可计算出水流的波纹流速（图 5.5）。

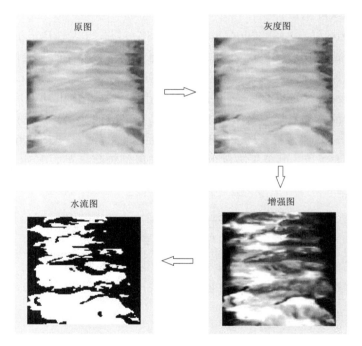

图 5.5　形态学法处理流程

5.3.3　神经网络

本研究训练所用神经网络架构包括输入层、卷积层、池化层、全连接层和输出层五个部分，其中卷积层两个，分别有 10 个和 6 个卷积核，卷积核大小为 5×5。池化层也为两个，池化规模为 2×2。其内部流程图见图 5.6。

测试所用神经网络与训练网络一致，在得到测试结果后与原始标签进行对比即可得到准确率。

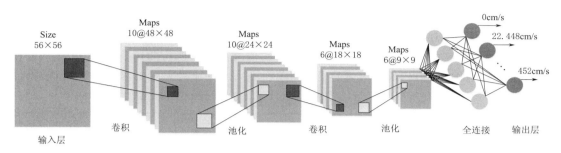

图 5.6　神经网络内部流程图

5.3.4　实验结果分析

研究中，为了获得相对标准的实验结果，对于每组不同的时间取相同的照片数量，如第一组以 1s 为单位，每间隔一帧取一张图片，取满 25 张，第二组以 2s 为单位，每间隔二帧取一张图片，取满 25 张，保证不同时间的流速均值相同。使用测速仪获取每组流速当前流速值，分别取两次，获得流速的速度区间和均值速度，由此与图像识别的流速做对比。其中光流法第 1 组水流流速图像见图 5.7。

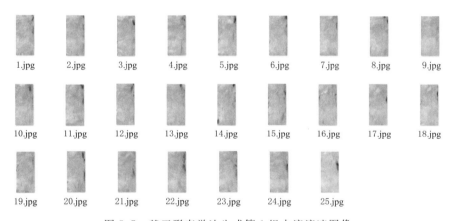

图 5.7　基于形态学法生成第 1 组水流流速图像

为方便比较三种模型对图像分类的优良性，本研究对实验结果进行了整理，并对各模型做了详细的统计分析。其中形态学法分析如图 5.8 所示。图 5.8 为图像识别所得流速位

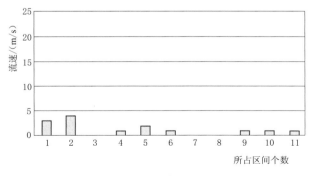

图 5.8　流速位于测速仪流速区间的个数

于测速仪流速区间的个数。

表 5.2 中第二行为图像识别得到的流速平均值，第三行为测速仪得到的流速平均值，第三行为图像识别的流速均值与测速仪得到的均值之差，第四行为第一组中 25 张图片得到的流速值与测速仪得到的平均值的平均偏差。

表 5.2　　　　　　　　　形态学法模型图像数值分析比较

组　　数	1	2	3	4	5	6	7	8	9	10	11
流速平均值（图像）	0.4074	0.2664	0.5875	0.3342	0.4036	0.4851	0.2540	0.4293	0.3445	0.8143	0.4354
流速平均值（测速仪）	0.2835	0.2985	0.3035	0.2765	0.272	0.274	0.267	0.273	0.248	0.272	0.3
流速平均值差	0.1239	0.032	0.284	0.0577	0.1316	0.2111	0.013	0.1563	0.0965	0.5422	0.1353
流速平均偏差	0.3761	0.1179	0.5100	0.2714	0.3457	0.3177	0.2478	0.4615	0.2439	0.6049	0.3161

为了对数据有更直观的认识，将图像识别得到的平均值与测速仪得到的平均值和平均误差做成图，见图 5.9。

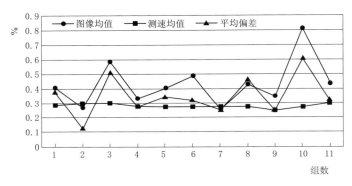

图 5.9　图像识别平均值、测速仪平均值及平均误差

5.3.5　实验结论

为了测试三种模型对于未训练图像的识别效果，研究还进行了不同组别间的测试，即取 11 组采集的 20 张图像作为训练库，11 组采集的图像取出 5 张作为测试库。其中第 1 组水流流速图像训练库与测试库见图 5.10。

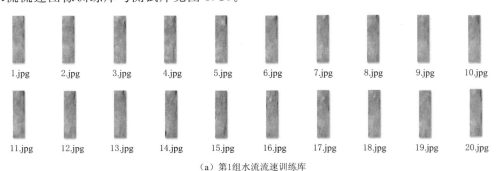

（a）第 1 组水流流速训练库

图 5.10（一）　第 1 组水流流速图像

1.jpg 2.jpg 3.jpg 4.jpg 5.jpg

（b）第1组水流流速测试库

图 5.10（二） 第 1 组水流流速图像

进一步处理可得图 5.11。由图 5.9、图 5.10、图 5.11 及表 5.3 可以看出，在水流流速分类与识别中，HOG＋SVM 平均误差均最小，平均相对正确率均最大，具有比较优异的测试结果，所以 HOG＋SVM 比较适合水流流速的分类与识别，在水流流速测量中具有一定研究应用价值。

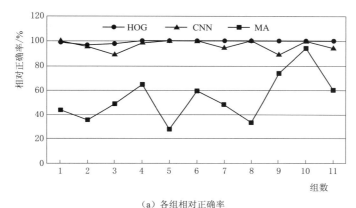

（a）各组相对正确率

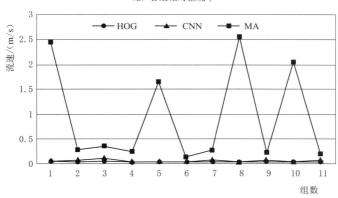

（b）各组最大误差

图 5.11 神经网络、HOG＋SVM 及形态学法模型图像识别比较

表 5.3　　　　　　　　　　　各类模型图像识别比较

误 差 类 型	神经网络	HOG＋SVM	形态学法
平均绝对误差 MeanAE/（m/s）	0.01	0.001	0.23
最大值绝对误差 MaxAE/（m/s）	0.05	0.03	2.55
平均相对正确率 MeanRA/％	96.34	99.43	53.61

5.4　基于图像处理的水位测量方法

水位是指自由水面相对于某一基面的高程，水面离河底的距离称水深。水位数据是水文信息采集中非常关键的资料，它是反映水情最直接的因素。水位的测量对周边水利工程的规划实施、航道港口的等工程的建设有重要意义。同时它也是防旱抗洪、含沙量检测、冰情等调查防御及制定措施的重要资料及依据。

本节主要内容是利用数字图像处理方法对水位进行在线测量，主要介绍了水位测量的研究背景与意义，研究内容和关键问题，接着阐述了研究思路与技术路线，重点说明水位图像处理的过程，最后给出了图像处理结果与分析结论。

5.4.1　水位测量的研究背景与意义

水资源的安全不仅影响着人的身体健康，而且对社会的发展、生态环境的平衡以及经济的发展有着直接或间接的影响。因此，关于水资源的一些问题一直受到密切关注并不断改善。由于水安全和水资源对社会和经济发展的重要性，当前，国内相关水利部门可以采取以下措施来监控地方的水位安全，如在江河、湖泊、水库等地区建立视频监视系统、采用水位传感器来自动化获取水位等。

河流、湖泊的水位会受到降水、河床冲刷淤积、强烈的风向等自然因素的影响，除此之外水库水位的变化还会受其上游河流湖泊的流量、蓄水量等的影响。目前已存在一些水位测量的方法，其中人工测量是最原始的测量方法。此方法耗时耗力，在恶劣的天气情况下在河里进行测量的安全系数低，会威胁到工作人员的人身安全，且存在较大的误差，无法进行水位数据的实时监控，因此逐渐被取代。

随着技术的发展，各种水位计应运而生。其中接触式的水位计有压力式水位计、气泡式水位计、电子水尺等；非接触的有激光水位计、雷达水位计、超声波水位计等。因原理及制造工艺的不同，这些水位计都存在自身特点且适用于特定环境，如压力式水位计的精度较低，气泡式水位计不适合有淤泥的水体，超声波水位计易受大风温度的影响等。但普遍存在设备及安装成本高，测量精度易受环境温度、泥沙含量及现场控制结构的影响，需要工作人员定期维护等缺点。

计算机技术的不断发展使得一些工作逐渐智能化、机械化。方便了人们的生活的同时提高了工业生产的速度及质量，其中图像识别的快速发展使其在许多领域有所应用，如人脸识别、车牌识别、二维码识别等。因此，将图像识别应用于水位识别上是解决水位识别较好的途径。

近年来非接触式测流技术得到了长足发展，特别是基于视频图像的大尺度粒子图像测速（large-scale particle image velocimeter，LSPIV）技术，由于可以快速获取河流水面的流速场，在洪水流量监测中具有显著优势。但其中表面流速场的检定和断面流量的计算仍然依赖于水面高程的测量，而现有系统大多需要另外布设水位计来获取该参数。基于图像处理的水位识别技术与水位监测相结合，具有间接无接触、实时监测、准确率高等特点，节约了物力人力的同时保证了水位数据的实时获取，更具有实用性。

5.4.2 水位测量的研究内容和关键问题

鉴于前述优点，图像法水位测量在机器视觉和水利量测领域得到了国内外的持续关注。水位测量的图像法实现主要包括以下几个部分。

（1）水位线检测。水位线检测多采用水平投影法，即利用图像中水位线的边缘特征、水体和水尺灰度分布的差异或水流运动引起帧间灰度变化的差异分割得到二值化图像，进而搜索其水平投影曲线中水位线对应的突变点。然而，在标准水尺图像中刻度线和水位线往往具有相似的边缘特征，导致难以准确区分或算法复杂，因此更适合于倒三角刻度线等特殊设计的水尺。

基于图像灰度特征的分割多采用经典的最大类间方差法（即 Otsu 法）计算自适应阈值，然而 Otsu 法是依据图像中所有像素的灰度统计特性计算全局最优阈值，受水尺表面图案和水面局部耀光和阴影等随机噪声的影响，该阈值实际上并非能够有效区分水尺和水面的最优解，易导致分割错误，直接引起水位线的误检。多帧法在流速快、水面灰度变化剧烈的条件下易于区分静止的水尺，但在平缓的水流条件下易出现估值过低的现象。

（2）水位值换算。传统水位值的技术方法大多方法依照人眼观测水尺的原理进行水位测量，即检测和识别水尺上的刻度线及字符，计数后通过插值获得水位线的位置。

对于单边刻度线水尺，可采用 Canny 算子、Hough 变换等较为简单的算法提取刻度线；而对于刻度线和字符混编的标准双色水尺，通常需要采用经验性的形态学滤波先分割字符和刻度线，字符识别也需要用到模板匹配、神经网络复杂算法，增加了测量的不确定性。

其他方法利用成像几何建立坐标变换关系，例如：采用简单的尺度缩放关系，建立分段换算的查找表，在待测平面布设控制点并测量其物平面和像平面坐标建立变换关系。但上述方法要么仅适用于正射视角下拍摄的图像，要么现场检定复杂。

（3）关键问题。从现有文献给出的实验图像来看，共同的特点是图像的分辨率较高，水尺表面的字符和刻度清晰可见，并且拍摄角度近似正射。然而受现场测量环境的制约，水位在线测量存在以下 3 个问题：

1）现有的视频监控系统多为水文闸站的工情监测而设置，并非专门用于水尺水位监测，存在监控视场大、水尺图像分辨率低、非线性畸变严重等问题。

2）摄像机通常架设在河岸的高杆上，位置远高于水面，较大的倾斜视角将导致图像产生严重的透视畸变。

3）白天采用自然光照明时，水面成像易受水面耀光和倒影的干扰，导致图像中水尺和水体的对比度降低。

4）水尺表面可能存在局部污染、遮挡和破损等。鉴于以上问题，将现有方法应用于野外环境下标准双色水尺的水位日夜连续监测，依然存在稳定性和适宜性差等问题。

5.4.3 研究思路与技术路线

图像法水位测量利用图像处理技术自动检测水位线并识别水尺读数，具有非接触测量、无温漂、结果可追溯、系统造价低等优点。然而受到户外视频监控系统在拍摄视角倾斜、成像分辨率低、光照条件复杂等方面的制约，水尺刻度及字符的检测和识别实际上存在较大困难，导致现有方法的稳定性和适宜性差。

　　针对上述问题，从摄影测量的角度提出了一种解决方案。首先根据标准双色水尺的样式设计模板图像；其次通过人工选取的控制点建立感兴趣区域和模板图像间的透视投影变换关系，将水尺图像配准到正射坐标系下；再次根据配准图像中设置的采样窗口计算自适应分割阈值将其二值化；最后在二值图像的水平投影曲线中检测水位线，并根据模板图像的物理分辨率将其坐标换算为水位测量值。在不同条件下开展了 3 组现场试验。结果表明，该方法对于光照下拍摄的低分辨率图像均具有较好的鲁棒性，测量分辨率达 1mm，可满足水文测验的要求。

　　对此，本书抛弃现有方法的思路，从摄影测量的角度出发设计水尺水位测量方法。目标是能够对镜头非线性畸变和图像透视畸变进行校正；适用于水文测验中应用的标准双色水尺；适用于低分辨率水尺图像；适用于日夜光照条件；对水面耀光和倒影具有鲁棒性；分辨率达到 1mm。技术路线及研究思路见图 5.12。

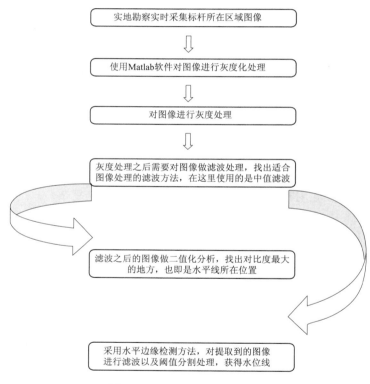

图 5.12　技术路线及研究思路

5.5　水位图像处理过程及结果分析

5.5.1　图像信息获取

　　为了前期实验方便，同时也为了模拟更真实的环境，项目课题组前期实验选择龙湾湖为实验地点，选取了 3 组不同的水位进行测量实验。摄像机架设在立杆支架上，距水面高程 2.45m，拍摄倾角约 45°。采用的是海康威视公司 200 万像素的网络数字摄像机，可拍摄 H.264 格式的全高清视频（1920×1080 像素）并存储在本地的 TF 卡中。系统可通过一台支持 VPN 云组网的 4G 路由器实现视频图像的远程访问，见图 5.13。

采用 150W 太阳能电池板和 100Ah 的锂电池为整个系统供电，可在阴雨天连续工作 7 天。测点采用了红白色的标准双色水尺，垂直固定在远离摄像机一侧的渠道边壁上。特别采用了焦距为 4mm 的广角镜头用于突出镜头的非线性畸变和图像的低分辨率问题。从图 5.14 可以看出，图像的桶形畸变非常明显，而水尺对应的感兴趣区域（region of interest，ROI）仅为 120×20 像素，使得图像变得难以处理。

（a）水尺拍摄图像

（b）感兴趣区域图像

图 5.13　实验室实验和龙湾湖实验

（a）未处理图像

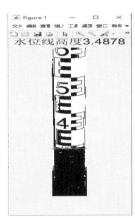
（b）处理后的图像

图 5.14　未处理图像和处理后的图像

将水尺放入湖水的不同位置处拍摄若干张图片，拍摄过程中要注意尺子要垂直水面，在拍摄同一深度时水尺和水面的相对位置不能发生改变。从拍摄的图片中选择合适的图片作为实验对象，对其进行处理。将图片载入 Matlab 软件中即可得到标出水位线的图片，在这个过程中程序不能准确地找到并标出水位线。这时就需要找寻对比度最大，并应用程序进行修改其参数，以找到最合适的值来实现目标。

由图 5.14 的两幅图像对比可知，图像经处理后能够正确的标出水位线并读出数据，但编写的程序在实现功能时也存在一定的问题，如拍出的尺子上面的数据要清晰，否则水位线会识别错误。

5.5.2　摄像机检定

摄像机检定采用计算机视觉领域广泛应用的张正友法。设计了一块大小为 1080mm×720mm 的平面棋盘格作为检定板。网格的边长为 60mm。检定采用了摄像机在不同角度下拍摄的 9 组棋盘格图像，得到镜头的径向畸变系数 $k_1=-0.4136$、$k_2=0.1759$，切向畸变系数 $p_1=-0.0003$、$p_2=0.0007$ 及内参矩阵

$$k=\begin{bmatrix} f_x & 0 & u_0 \\ 0 & f_y & v_0 \\ 0 & 0 & 1 \end{bmatrix}=\begin{bmatrix} 1317.9 & 0 & 947.4 \\ 0 & 1330.3 & 531.3 \\ 0 & 0 & 1 \end{bmatrix} \tag{5.15}$$

式中：f_x、f_y 分别为摄像机在 u 轴和 v 轴方向上的归一化焦距；u_0、v_0 为像主点坐标。

5.5.3　标尺定位

标尺定位程序框图见图 5.15。它根据 HSV 色彩定位法定位标尺，将图像转为 HSV 模型，获取每个像素点的 HSV 值，判断是否为红色像素点，统计每行每列红色像素点的个数，从而获取标尺位置。

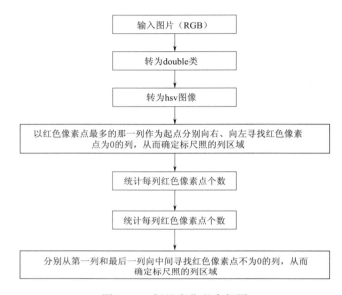

图 5.15　标尺定位程序框图

（1）使用函数 imread 可将图像读入 Matlab 环境，该函数的基本语法为 imread（'filename'）。函数 imread 支持多数流行的图像/图形格式，包括 JPEG、JPEG2000 和 TIFF。

（2）使用 im2double 函数可将图像数据格式转为 double 类。对应的值会归一化到范围 [0,1]。

（3）HSV（色调、饱和度、数值）彩色系统与人们对颜色的描述方式匹配度更高。为了寻找红色像素点我们采用 HSV 彩色空间模型。使用 rgb2hsv 函数可将图像从 RGB 转换为 HSV。程序中为确定红色像素点所采用的一系列数值 HSV 彩色分量表（表 5.4）。

表 5.4　　　　　　　　　　　　　　　　HSV 彩色分量表

	黑	灰	白	红		橙	黄	绿	青	蓝	紫
h_{min}	0	0	0	0	156	11	26	35	78	100	125
h_{max}	180	180	180	10	180	25	34	77	99	124	155
s_{min}	0	0	0	43		43	43	43	43	43	43
s_{max}	255	43	30	255		255	255	255	255	255	255
v_{min}	0	46	221	46		46	46	46	46	46	46
v_{max}	46	220	255	255		255	255	255	255	255	255

5.5.4　水位线检测

水位线检测首先需要图像二值化。本节根据标准水尺的特点设计了一种自适应阈值计算方法。由于摄像机正常曝光时水尺白色背景的灰度通常大于水面，因此将其中的灰度最大值 I_{max} 和最小值 I_{min} 分别作为水尺和水面的灰度代表值，取二者的均值作为分割阈值计算二值图像

$$\begin{cases} B(u,v)=0, R(u,v)<(I_{max}+I_{min})/2 \\ B(u,v)=255, R(u,v)\geqslant(I_{max}+I_{min})/2 \end{cases} \tag{5.16}$$

式中：$B(u,v)$ 和 $R(u,v)$ 分别为二值图像和配准图像的像素灰度值；I_{max} 为灰度最大值；I_{min} 为灰度最小值。

下一步就进行水位线坐标检测。二值图像中水尺表现为黑白相间的纹理区域，而水面则表现为具有显著差异黑色区域，水位线是两块区域的分界线。对二值图像中的像素灰度值按行进行累加

$$sum(r)=B(r,1)+B(r,2)+B(r,3)+\cdots+B(r,80) \tag{5.17}$$

式中：$r=1,2,3,\cdots,1000$ 为像素所在的行坐标，各行的累加值 $sum(r)$ 构成了二值图像的水平投影曲线。

5.5.5　字符分割

由于水尺所在位置与拍摄水尺的镜头所在位置是固定不变的，因此我们可以截取视频中的一张图片，刻度位置也是固定不变。可以根据每个刻度所占位置进行定位，并截取水平面以上可以读数的刻度进行识别。截取应用了 cut（）函数，其程序框图见图 5.16（a）；字符切割后的效果图见图 5.16（b）。

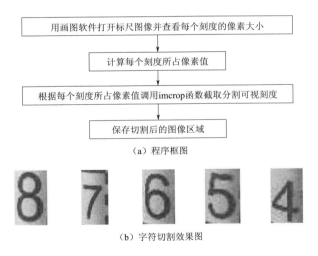

（a）程序框图

（b）字符切割效果图

图 5.16　字符切割程序框图和效果图

5.5.6　字符识别

目前用于图像字符识别的方法一般有模板匹配法和人工智能的方法。模板匹配法需要预先制定好模板数据，将待匹配图像进行预处理与模板格式一致，然后进行匹配，选取最

佳匹配结果。人工神经网络是模拟人脑思维功能和组织建立起来的数学模型，虽然现在神经网络正在迅速发展，但总体来说应用还是相对复杂的。模板匹配法虽然识别率低，但实现简单、计算量小，只有矩阵的加减与统计，而且标尺字符有阿拉伯数字、英文大写字母，虽然字库量不大，但字符较规整时对字符图像的缺损、污迹干扰适应力强且识别率相当高，因此本程序采用基于字符模板匹配算法。

（1）首先建立标准的字符模板库（共 11 个字符模板），字符尺寸统一使用 20×40。字符模板统一命名为"字符模板"＋"字符代码"，如字符模板 1、字符模板 E 等。

（2）建立自动识别字符的代码表，采用字符类数组 char。程序如下：liccode＝char（['0'：'8'，'E'])；

（3）图像在进行采集的过程中像素会存在差异，因此对其进行剪裁得到的字符大小也会有所不同，所以在用模板匹配法将进行字符识别之前要进行预处理即归一化处理，将剪裁的图像字符格式调整为与模板图像一致。此处缩放与字符模板保持一致，统一使用 20×40。

（4）使用 corr2 函数计算分割出的每个字符与字符模板库中的每个字符的相关系数大小，并保存在一个数组中。

（5）使用 find 函数找出相关系数最大值所在的位置，从而按照顺序，在自动识别字符代码表中找到对应的字符，并输出便实现了字符的识别。字符识别流程图见图 5.17，其中 n 为所剪裁的刻度个数。

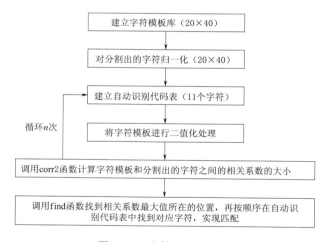

图 5.17　字符识别流程图

5.5.7　图像处理结果

以华北水利水电大学龙湾湖水位检测为例，将水尺放入湖水的位置 1 处，测得结果见图 5.18。人眼识别为 0.449m，图像处理模型识别为 0.447m，电子水尺识别为 0.44m（电子水尺精度为厘米级），而实际水位为 0.448m（通过标尺测量）。图像处理模型误差为 $0.447 - 0.448 = -0.001$（m），而人眼识别误差为 $0.449 - 0.48 = 0.001$（m），电子水尺识别误差也为 $0.44 - 0.448 = -0.008$（m）。这是因为人眼识别的时候，容易造成视线偏高，读数偏大，而图像处理模型在对图片进行分割时，容易造成分割区域偏大，导致读数偏小。

水尺被放入湖水的位置 2，经过一段时间后测得结果见图 5.19。人眼识别位 0.400m，而图像处理模型识别为 0.398m，电子水尺识别为 0.40m，而实际水位为 0.395m，图像处理模型误差为 0.397－0.395＝0.002（m），而人眼识别误差为 0.400－0.395＝0.005（m），电子水尺识别误差也为 0.400－0.395＝0.005（m）。这是因为这次是图像处理模型识别时，也是图片分割小了，达到了 0.400 水位线的像素大小。

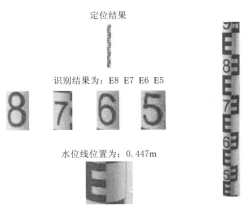

图 5.18 位置 1 水位识别结果

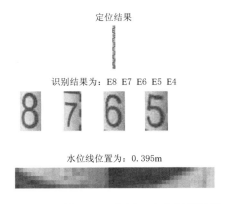

图 5.19 位置 2 水位识别结果

水尺放入湖水的位置 3，经过一段时间后测得结果见图 5.20。人眼识别位 0.425m，图像处理模型识别为 0.424m，电子水尺识别为 0.42m，而实际水位为 0.423m，图像处理模型识别误差为 0.424－0.423＝0.001（m），而人眼识别误差为 0.425－0.423＝0.002（m）；电子水尺识别误差为 0.42－0.423＝－0.003（m）。

5.5.8 结果分析与结论

进一步处理可得表 5.5。由图 5.18、图 5.19 及图 5.20 可以看出，在水位图像处理与识别中，图像处理模型识别平均误差均最小，为 1.3mm；而且，其最大值绝对误差和平均相对误差均最小，具有比较优异的测试结果，所以图像处理模型识别比较适合水位的处理与识别，在水位测量中具有一定研究应用价值。

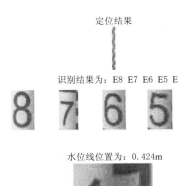

图 5.20 位置 3 水位识别结果

表 5.5   各类模型图像识别比较

误 差 类 型	图像处理模型	人眼识别	电子水尺
平均绝对误差 MeanAE/mm	1.3	2.7	5.3
最大值绝对误差 MaxAE/mm	2.0	5.0	8.0
平均相对误差 MeanRA/‰	3.1	6.5	12.6

基于图像处理的水位识别关键技术是标尺区域定位，字符分割和字符识别等。运用基于红色像素点统计特性的方法对标尺是红色的标尺进行定位，对标尺定位准确率较高。图像处理模板匹配法虽然识别率低，但实现简单，计算量小，只需计算模板字符与待识别字符的相关系数的大小进行比较即可，而且标尺字符有阿拉伯数字、英文大写字母，虽然字库量不大，但字符较规整时对字符图像的缺损、污迹干扰适应力强且识别率较高。

5.6　基于图像处理的流量测量试点应用

5.6.1　基于图像处理的水位和流速监测

项目选择了郑州航空港区水务有限公司第一水厂作为基于图像处理的测流量试点。在集水槽安装了基于图像处理的流量测量系统，其用来测量沉淀池流出的水量；在沉淀池安装了图像处理的水位计，作为三角薄壁堰测量流量使用。如图 5.21 所示，一水厂的集水槽共有 22 个，水槽宽度为 l 为 0.50m。水槽流速 v_i 由图像处理流速仪测量；水位 h_i 由图像处理法的水位计测量，最终的出口流量 S 为

$$S(v,h,l) = s_1(v_1,h_1,l_1) + s_2(v_2,h_2,l_2) + \cdots + s_{22}(v_{22},h_{22},l_{22})$$
$$= \sum_{i=1}^{22} v_i \times h_i \times l_i \tag{5.18}$$

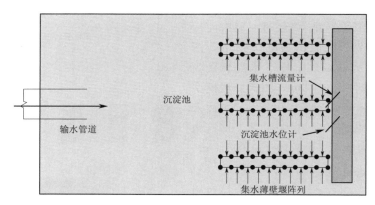

图 5.21　图像测流系统安装示意图

5.6.2　图像处理法和超声波方法的流量统计比对

将图像处理法和超声波法进行了测量结果比对，见图 5.22。和超声波法很相似，图像处理法测量流量系统也具有波动趋势和跳动特性，同时也具有测量的不稳定性和测不准性，但整体上，也都是以薄壁堰测量方法为中心的波动其测量结果还有待进一步提高。

5.6.3　图像处理法和超声波法的流量测量比对结论

（1）对于流量在线监测来说，图像处理法和超声波法都为非接触测流方法，虽然都具有大致的波动趋势和跳动特性，但如果对其进行数据融合处理后，图像处理法和超声波法都更具有测量的不稳定性和测不准性。

（2）基于图像处理的流量在线检测法是未来的智能测流的选择，借助人工智能等新技

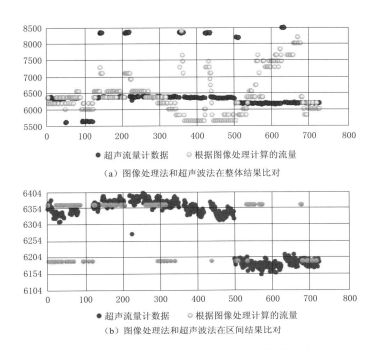

(a) 图像处理法和超声波法在整体结果比对

(b) 图像处理法和超声波法在区间结果比对

图 5.22 图像处理法和超声波法测量结果比对

术可进一步提高其提取特征的能力和抗干扰的能力，尤其是可用于流态较稳定的明渠流量监测中。

（3）相比于超声波法，图像处理法更加具有跳变幅度大，因此还需要进一步解决特征畸变和换算错误的问题，使其将具有更好的应用前景。

5.7 本章小结

本章主要介绍基于图像处理的水流量测量系统及其实现，首先介绍了基于图像处理的光流法算法模型，然后在 Matlab 软件上搭建工作平台，实现了水流速度的在线检测。本章还在 Matlab 软件上搭建工作平台，也实现了基于图像处理的水位在线检测，首先采集图像，然后对摄像机进行检定，再对图像进行坐标变换与处理；最后进行了标尺定位、水位线检测、字符分割和字符识别等过程。本章还选择了郑州航空港区水务有限公司第一水厂作为基于图像处理的测流量试点，实现了流量在线非接触检测。

第6章　基于水位融合的流量预测和补偿模型

6.1　研究背景及意义

在流速测量和流量在线测量很难进行的场合中，通过水位的测量来简单测量流量是一种有效的可行方法。但单纯的水位测量也很难较准确地实现流量信息测量，需要借助于更有智慧化的水利信息技术。因此，利用信息化技术可改变传统的水利工程所带来的不利影响，解决人们在生活生产中遇到的水利问题。目前，以人工智能、区块链、物联网、云计算、大数据等为代表的新一代 IT 技术已成为水利信息化技术发展转型的关键手段。通过新技术与水利业务的深度融合，建立覆盖水文水资源等领域的透彻感知网络，可实现对水利设施的智能感知，为决策调度指挥提供科学依据。充分发挥已建水利工程设施效能，实现防洪减灾、水资源、水环境的智能化管理。

在南水北调中线工程中的水资源交易过程中，如何保证涉水数据的安全、可信是非常重要的。区块链为解决方案带来了新的可能性。区块链技术突破了传统中心式系统结构的缺陷，具有去中心化、去信任、匿名、防篡改的安全特性，能够在大规模网络环境下实现分布式的高效共识，建立安全可信的数据存储系统。区块链技术也通过智能合约机制，实现大规模可信的分布式计算能力。所以区块链能够在多利益主体参与的场景下以低成本的方式构建信任基础，旨在重塑社会信用体系。近年来，随着区块链发展迅速，人们开始尝试将其应用于金融、教育、医疗、物流等领域，让多领域的数据可以进行流通、共享。区块链与数据安全的结合能够降低数据共享中的中心化风险的同时让互不信任的各方维护一个安全可信、不可篡改的公共账本，具有广阔应用价值。

长短时记忆网络（long short - term memory，LSTM）是一种改进之后的循环（时间递归）神经网络，可以解决长距离时间序列无法处理的问题。其非常适合处理和预测时间序列中间隔和延迟相对较长的重要事件。LSTM 已经在科技领域有了多种应用。LSTM预测模型包括 3 层（输入层、隐藏层和输出层）网络结构的详细设计，以及网络训练和网络预测的实现算法等。

本章选择基于区块链＋LSTM 技术，对水厂的流量和水位等信息进行标记和存储，并达到了很好的训练和预测效果。本章搭建相对应的网络数据模型，主要是对数据的采集和处理，实时地录入到计算机网络当中，并且还要将这些信息的格式、类型等内容全部录入到计算机数据库中，从而实现对于数据的可信管理。而 LSTM 神经网络不仅能处理多元变量之间的非线性映射关系，也能很好的处理时间序列数据。

本章针对的是在用水量与供水量存在的巨大偏差，人为追溯存在异议的情况下，提出以区块链的可追溯、可审计等特性，去追溯各参与方每时间段用水量数据，并对未来的数据进行预测，以缓解各参与方谎报问题在各参与方建立信任。为了更好地提高预测效果，本章利用 LSTM 这种模型进行预测，充分利用水位的时序性变化，同时也考虑了水位的流量测量功能。利用该模型去预测特定时间间隔的水位量变化，以期很好的流量预测和补偿效果。

6.2 电子水尺工作原理

电子水尺（又称电子水位尺）是新一代数字式传感器。如图 6.1 所示，电子水尺是通过等间距排列的一串电极来采集水深信息，采集电路的电极在不同电导率中呈现不同的电位，根据电位状况来判断电极是否没入水中，然后根据没入水中电极的多少来判断水深。其利用水的微弱导电性原理测量电极的水位获取数据，误差不会受环境因素影响，只取决于电极间距。电子水尺是一种新型的水位测量传感器，其由PCB 电路板、公共电极、检测电极、环氧树脂、金属外壳、电缆等组成，可以监

(a)　　　　　　　　(b)

图 6.1　电子水尺测量示意图

测实时水位并将数据上传至监测平台，协助汛情指挥平台做出正确决策。

电子水尺设备通常采用不锈钢作为防护外壳，具有可抗干扰等特点。设备一般采用高密封性材料，不会受到污泥、污染物、沉淀物等外界环境因素的影响。还可以根据现场情况可以进行多种工作模式的修改。

6.3 区块链数据标记

基于区块链的去中心化方法在近年来受到了广泛的关注。区块链技术最早能够追溯到比特币。2008 年，中本聪在 *Bitcoin：A peer-to-peer electronic cash system* 中首次提出比特币的概念。2009 年比特币系统开始运行，标志着比特币的正式诞生。2010—2015 年，比特币进入大众视野。2016—2018 年，随着各国陆续对比特币进行公开表态以及世界主流经济的不确定性增强，比特币的受关注程度激增，需求量循序增大，同时学术界对区块链技术有了新的认识，区块链技术受到重视，开启了迅速发展。随后以太坊（Ethereum）、超级账本（Hyperledger）等开源区块链平台的诞生以及大量去中心化应用，使得区块链技术在更多的行业中得到了应用。

区块链技术可保证数据的完整性需求，其可应用于数据采集、传输、存储和用于识别等各个阶段。在数据采集和传输阶段，通常采用数据封装和签名技术来保证数据的完整性。在数据传输阶段，采用丢包恢复技术。在使用数据时采用可验证的计算手段，确保数据输入和输出的完整性。此外，可信计算技术还可以为数据完整性提供不同程度的保护。

6.3.1　区块链数据标记实施步骤

针对现在互不信任的各方之间建立一种可信的数据存储验证的方式，课题融合了具有去中心化、不可篡改、可审计等特性的区块链技术对南水北调过程中所需的对水资源利用的溯源和预测系统。区块链数据标记实施步骤如下：

（1）为实现权限控制，课题选择搭建以太坊（Ethereum）私链，只有经过允许的参与者才能加入到链中。

（2）利用区块链的不可篡改、可审计性对各方的用水数据存储，并利用 LSTM 对其中的参与方进行预测，以降低参与方谎报的情况。

（3）结合了区块链结合 LSTM 方法对用水情况进行了标记和预测功能。

使用以太坊构建区块链的用水量溯源系统，每个区块间需要验证才能参与交易，使用共识机制保证信息的一致性，账本服务用来记录区块信息文档，并用数据库进行存储，加密机制保证数据安全性，提高隐私性。基于以上特点，本课题设计出基于区块链＋LSTM 的用水量标记和补偿系统框架（图 6.2）。

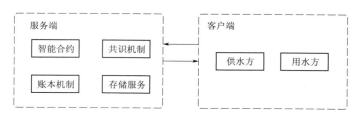

图 6.2　基于区块链的用水量标记和补偿系统框架

该架构分为客户端和服务端，服务端是区块链系统服务，其包含了智能合约、共识机制、账本机制等机制模块。在供水和用水过程中的每一个环节都会有一个区块记录着相同的账本。而该账本只允许追加而无法修改。区块之间通过共识机制维护整个网络无须人为介入，加上每个区块信息都包含有唯一时间戳更加保证了信息的安全性。客户端由供水方和用水方共同构成，其中供水方可进入服务端后台创建供水用量，记录每次供水用量信息。用水方通过服务端记录每次用水用量信息和蓄水设备中的水高度。各方都可以验证用量以及根据数据利用 LSTM 模型进行预测，对预测结果与提交数据进行比较，以减小参与方虚报的问题。

6.3.2　区块链架构模型

本课题设计的区块链基础架构模型见图 6.3。一般说来，区块链系统由网络层、数据层、共识层、控制层以及应用层组成。其中网络层包括分布式组网机制、数据传播机制和数据验证机制等；数据层封装了底层数据区块以及相关的数据加密和时间戳等技术；共识层主要封装网络节点的各类共识算法；控制层包括沙盒环境、自动化脚本、智能合约和链上、链下模型等，提供区块链可编程特性，实现对区块数据、业务数据、组织结构的控制，应用层则封装了区块链的各种应用场景和案例。

区块链可以看为一个状态机其状态的转换过程，为

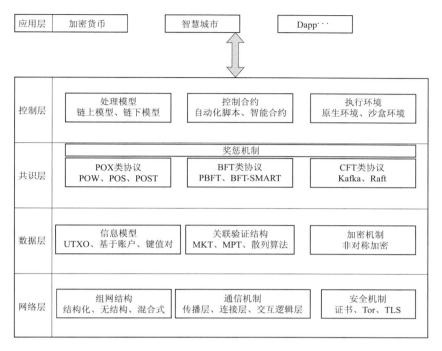

图 6.3 区块链基础架构模型

$$\sigma_{t+1} \equiv \gamma(\sigma_t, T) \tag{6.1}$$

其中 σ 是存储交易中的状态，γ 是状态转换函数，可以执行任意计算，T 是交易。具体的过程如下：

$$\sigma_{t+1} \equiv \Pi(\sigma, B) \tag{6.2}$$

$$B \equiv [\cdots, (T_0, T_1, \cdots) \cdots] \tag{6.3}$$

$$(\sigma, B) \equiv \Omega[B, \gamma(\sigma, T_0), T_1] \cdots] \tag{6.4}$$

上述公式描述中 Π 是区块级别的状态转换函数，Ω 区块已经达到共识上链状态转换函数，B 是一个区块，包含一系列交易和一些其他组成成分。

6.3.3 区块链网络层

网络层这里主要使用点对点（P2P）网络，这是区块链网络的基本通信模式。点对点网络是一种不同于"客户/服务器"服务模式的计算机通信和存储架构。在网络中，每个节点既是数据提供者又是数据用户，节点通过直接交换共享计算机资源和信息。因此，每个节点的状态是相等的。区块链网络层包括网络结构、通信机制和安全机制。网络结构描述了节点间的路由和拓扑关系，通信机制实现了节点间的信息交换，安全机制包括对端安全和传输安全。

6.3.4 区块链数据层

区块链中的术语"块"和"链"用来描述其数据结构的特征。数据层是区块链技术系统的核心。区块链数据层定义了每个节点中数据的连接和组织，并使用多种算法和机制来保证数据的强相关性和验证的高效率，使区块链具有实际的数据防篡改特性。数据层通过非对称加密等密码学原理实现对应用信息的匿名保护，促进了区块链应用的普及和生态建设。因此，从不同的应用信息承载方式出发，考虑数据相关性、验证效率和信息匿名性的要求，数据层的关键技术可以分为三类：信息模型、关联验证结构和加密机制。

区块链是防篡改的，因为链式数据结构具有很强的相关性。这个结构在数据之间建立绑定关系，如果数据被篡改，绑定关系就可能被破坏。伪造出这种连接关系的代价是极高的，但同样的验证的过程是极其容易的，因此想要篡改其中数据的概率被降至极低。链状结构的基本数据单位是"区块"（Block）见图 6.4。

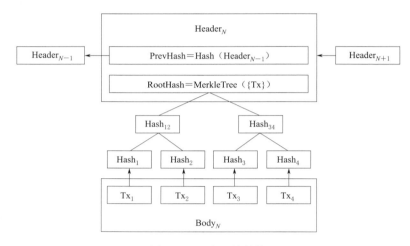

图 6.4　基本区块结构

区块由区块头（Header）和区块体（Body）两部分组成，区块体包含一定数量的交易集合；区块头通过前继散列（PrevHash）维持与上一区块的关联从而形成链状结构，通过 MPT（Merkle Patricia Tree）生成的根散列（RootHash）快速验证区块体交易集合的完整性。散列（Hash）算法也称为散列函数，它实现了明文到密文的不可逆映射；同时，散列算法可以将任意长度的输入经过变化得到固定长度的输出；最后，即使元数据有细微差距，变化后的输出也会产生显著不同。利用散列算法的单向、定长和差异放大的特征，节点通过比对当前区块头的前继散列即可确定上一区块内容的正确性，使区块的链状结构得以维系。区块链中常用的散列算法包括 SHA256 等。MPT 包括根散列、散列分支和交易数据。MPT 首先对交易进行散列运算，再对这些散列值进行分组散列，最后逐级递归直至根散列。MPT 带来诸多好处：一方面，对根散列的完整性确定即间接地实现交易的完整性确认，提升高效性；另一方面，根据交易的散列路径（例如 Tx1：Hash2、Hash34）可降低验证某交易存在性的复杂度，若交易总数为 N，那么 MPT 可将复杂度由 N 降为 $\lg N$。

其中保证数据结构强连接的 Hash "指针"，让数据不能被篡改，同时使用椭圆曲线算法（elliptic curve digital signature algorithm，ECDSA）提供非对称的公、私钥对保护数据在区块链中的透明性，提供数字签名保证数据来源。

其中使用区块链使用 ECDSA 签名验证的过程如下，参与方对消息（即交易）m 进行签名，所采用的椭圆曲线参数为 $D=(p,a,b,G,n,h)$，其中域的大小 q；F_q 上椭圆曲线 E 的等式定义的 F_q 上的两个元素 a 和 b，定义 $E(F_q)$ 中素数阶有限点 $G=(x_G,y_G)$ 的 F_q 上的两个域元素 x_G 和 y_G；点 G 的阶数 n（如果椭圆曲线上一点 P，存在最小的正整数 n 使得数乘 $nP=O\infty$，则将 n 称为 P 的阶）；伴随因子 $h=\sharp E(Fq)/n$（椭圆曲线上所有点的个数 m 与 n 相除的商的整数部分）。生成的公、私钥对（d,Q）d 为私钥，Q 为公钥，最后生成 ECDSA 签名（r,s）。

参与方数字签名（r,s）过程：选取 ECDSA 域参数 $D=(q,a,b,G,n,h)$，生成 ECDSA 密钥对生成（d,Q），$Q=d*G$。一个 32 字节范围在 $[1,n-1]$ 的随机数 k，计算点 $P=kG$；计算 $r=Px \bmod n$。若 $r=0$ 则跳转至 c 步，计算得：

$$S=K^{-1}(Z+rd)\bmod n \tag{6.5}$$

式中：d 为私钥；K^{-1} 为 k 对 n 的逆元；Z 为哈希计算值。

如果 $s=0$，跳转至 c 步，参与方验证数字签名的过程。验证 r 和 s 是区间 $[1,n-1]$ 上的整数，计算 $H(m)$ 并将其转化为整数 z。计算 $W=S^{-1}\bmod n$，计算得：

$$u_1=ew\bmod n，u_2=rw\bmod n \tag{6.6}$$

则 $X=(X_1,Y_1)=u_1G+u_2Q$。若 $X=0$，则拒绝签名，否则将 X 的 x 坐标 X_1 转化为整数 $\overline{X_1}$，并计算 $v=\overline{x_1}\bmod n$。当且仅当 $v=r$ 时，签名通过验证。

6.3.5 标记共识层

区块链网络中的每个节点必须维护完全相同的分类账数据，但是每个节点在不同的时间生成数据，并且数据获取的来源未知。存在节点故意广播不正确数据的可能，会导致女巫攻击和双花攻击的全风险。此外，由于节点故障和网络拥塞导致的数据异常无法预测。因此，如何在不可信的环境下实现账簿数据的全网统一是共识层要解决的关键问题。事实上，上述错误是拜占庭将军问题区块链的具体表现，即拜占庭错误独立的组件可以做出任意或恶意的行为，并可能与其他错误组件合作。这种错误在可信分布式计算领域已经得到了广泛的研究。

工作量证明（proof of work，POW）就是其中之一。该协议将随机数 Nonce 添加到区块链头结构中，并设计了 Proof basis：为了生成一个新的区块，节点必须计算一个合适的 Nonce 值，使新生成的区块头经过双 SHA256 操作后小于某一阈值。协议的整体过程是：整个网络节点分别计算证明依据，成功解决的节点确定合法块并广播，其他节点验证合法块报头。如果验证失败，所有节点继续计算并获得正确的 Nonce。如果验证成功，形成一个链结构，与本地块转发，形成整个网络共识，所有节点计算下一个块。POW 是一个随机协议，任何节点都可以计算出正确的 Nonce 值。区块的非唯一性将导致能通过验证的区块的不唯一这会导致分支链的生成，此时节点根据"最长链原则"选择在一定时间内生成的最长合法链作为主链而抛弃其余分支链，最终促使各节点数据最终收敛。POW 协议采用随机性算力选举机制，实现拜占庭容错的关键在于记账权的争夺，目前寻找证明依据的方法只有暴力搜索，其速度完全取决于计算芯片的性能，因此当诚实节点数量过半，即"诚实算力"过半时，POW 便能使合法分支链保持最快的增长速度，也即保证主链一直是合法的。POW 是一种依靠饱和算力竞争纠正拜占庭错误的共识协议，关注区块产生、传播过程中的拜占庭容错，在保证防止双花攻击的同时也存在资源浪费、可扩展性差等问题。

6.3.6 节点控制层

区块链节点基于对等通信网络与基础数据结构进行区块交互，通过共识协议实现数据一致，从而形成了全网统一的账本。控制层是各类应用与账本产生交互的中枢，如果将账本比作数据库，那么控制层提供了数据库模型，以及相应封装、操作的方法。具体而言，控制层由处理模型、控制合约和执行环境组成。处理模型从区块链系统的角度分析和描述业务／交易处理方式的差异。控制合约将业务逻辑转化为交易、区块、账本的具体操作。执行环境为节点封装通用的运行资源，使区块链具备稳定的可移植性。

在挖矿算法中选择的是经典的 POW，其中难度设置如下

$$D(H)\begin{cases} D_0 & H_i=0 \\ \max[D_0, P(H)_{H_d}+x*\varsigma] & H_i\neq 0 \end{cases} \tag{6.7}$$

其中初始值：

$$D_0\equiv 1 \tag{6.8}$$

式中：$D(H)$ 为本区块链的难度；$P(H)_{H_d}$ 为父区块的难度值；$x*\varsigma$ 为自适应调节出块难度。

其中

$$x\equiv\left[\frac{P(H)_{H_d}}{2048}\right] \tag{6.9}$$

$$\varsigma\equiv\max\left\{y-\left[\frac{H_s-P(H)_{H_s}}{9}\right], -99\right\} \tag{6.10}$$

6.4 LSTM 预测与补偿

6.4.1 LSTM 研究思路

LSTM 经过精心设计，可以避免 RNN（递归神经网络）的梯度消失问题。消失梯度的主要实际限制是模型无法学习长期的依赖关系。LSTM 可以存储更多的记忆（数百个时间步长）。与仅维护单个隐藏状态的 RNN 相比，LSTM 具有更多参数，可以更好地控制在特定时间步长保存哪些记忆以及丢弃哪些记忆。

图 6.5 是 LSTM 的一个典型内部示意图，它由若干节点和若干操作组成。其中，操作充当输入门、输出门和遗忘门，为节点状态提供信息。而节点状态

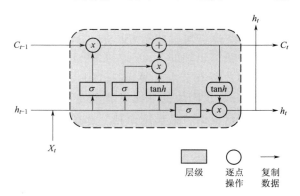

图 6.5 LSTM 典型内部示意图

负责在网络中记录长期记忆和上下文。LSTM 由输入门、记忆单元、输出门和遗忘门四部分组成。其中，t_x 表示 t 时刻的输入向量，h_{t-1} 表示上一个时刻的输出向量，$\{W_f, W_i W_c, W_o,\}$ 表示各个相应部分的权重系数矩阵，$\{b_f, b_i, b_c, b_o\}$ 表示各个相应部分的偏移向量，sigmoid() 表示激活函数

$$f_t = \text{sigmoid}(W_f \cdot [h_{t-1}, x_t] + b_f) \tag{6.11}$$

式（6.11）计算的是遗忘门的值，看有多少信息可以进行保留，由式（6.11）的形式可以看出 t 时刻遗忘门的值由 t_x 和 h_{t-1} 共同决定

$$i_t = \text{sigmoid}(W_i \cdot [h_{t-1}, x_t] + b_i) \tag{6.12}$$

式（6.12）计算的是用 sigmoid 函数去激活的 $(W_i \cdot [h_{t-1}, x_t] + b_i)$ 细胞状态的值

$$C_t = \tanh(W_c \cdot [h_{t-1}, x_t] + b_c) \tag{6.13}$$

式（6.13）计算的是由 h_{t-1} 和 t_x 决定的候选记忆单元的值

$$C_t = f_t \cdot C_{t-1} + i_t \cdot C_t \tag{6.14}$$

式（6.14）计算的是记忆状态单元通过 C_{t-1} 和 C_t 对 t_f 和 t_i 的调节作用后的值；式（6.15）和式（6.16）计算的是 t 时刻由 h_{t-1} 和 t_x 决定的经过内部循环和更新的 LSTM 最后的隐层状态的输出 h_t。

$$a_t = \text{sigmoid}(W_a \cdot [h_{t-1}, x_t] + b_a) \tag{6.15}$$

$$h_t = o_t \cdot \tanh(C_t) \tag{6.16}$$

LSTM 通过刻意的设计来避免长期依赖问题。所有 RNN 都具有一种重复神经网络模块的链式的形式。在标准的 RNN 中，这个重复的模块只有一个非常简单的结构，例如一个 $\tanh$ 层。

LSTM 同样是这样的结构，但是重复的模块拥有一个不同的结构。不同于单一神经网络层，这里是有四个，以一种非常特殊的方式进行交互。LSTM 是一种拥有三个"门"结构的特殊网络结构，见图 6.6。

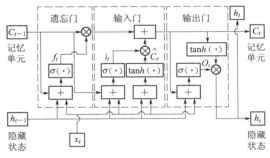

图 6.6 LSTM 网络结构

之所以该结构叫作门是因为使用 sigmod 作为激活函数的全连接神经网络层会输出一个 0~1 之间的值，描述当前输入有多少信息量可以通过这个结构，于是这个结构的功能就类似于一扇门，当门打开时（sigmod 输出为 1 时），全部信息都可以通过；当门关上时（sigmod 输出为 0），任何信息都无法通过。

细胞层是信息交互存放单元。输入门是此门输出介于 0（输入未写入单元状态）到 1（输入已完全写入单元状态）之间的值。sigmoid 激活用于将输出压缩为 0 到 1 之间。遗忘门是一个 S 型门，其中 0（在计算当前单元状态时完全忘记先前的单元状态）和 1（在计算当前单元状态时完全忘记先前的单元状态）。输出门是一个 sigmoid 门，输出 0（计算最终状态将完全破坏当前的单元状态）和 1（计算最终隐藏状态将完全使用当前单

元状态）。

图 6.7 是一个概括图，其中隐藏了一些细节以避免混淆。为清楚起见，同时显示了 LSTM 和回路连接。右图显示了具有循环连接的 LSTM，左图显示了展开循环连接后的相同 LSTM，因此模型中没有环形连接。输入门接收当前输入和最后的最终隐藏状态作为输入，并根据以下公式进行计算：

$$i_t = \sigma(W_{ix}x_t + W_{ih}h_{t-1} + b_i) \tag{6.17}$$

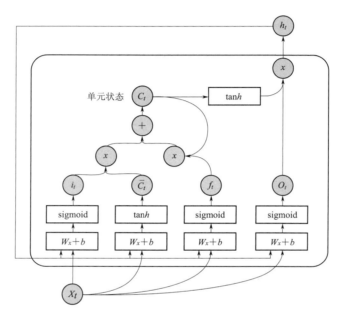

图 6.7　概括图

计算后，值为 0 表示当前输入的任何信息都不会进入单位状态，值为 1 意味着当前输入的所有信息都将进入单位状态。然后，以下公式将计算另一个值，称为候选值。它用于计算当前单元状态。

$$c_t = \tanh(W_{cx}x_t + w_{ch}h_{t-1} + b_c) \tag{6.18}$$

遗忘门将执行以下操作：遗忘门值为 0 表示没有的任何信息传递给的计算，值为 1 意味着所有的信息都传播给 c_t

$$f_t = \sigma(W_{fx}x_t + W_{fh}h_{t-1} + b_f) \tag{6.19}$$

最终隐藏状态的输出与前一个序列的隐藏状态、当前的输入和当前单元状态值有关，用一个 $\tanh$ 激活函数将当前单元状态的值压缩到 −1 到 1 之间。先前隐藏状态与当前输入的值通过 sigmoid 函数转换后与当前单元状态通过压缩后的值进行相乘，就会把先前的状态信息与此时的输入信息进行保留或舍弃得到一个新的隐藏状态值（图 6.7）。

6.4.2　区块链方案验证

为验证本设计方案的可行性，对上述方案进行验证分析。实验是在虚拟机中使用了区块链测试系统平台进行模拟测试，使用 POW 共识机制，智能合约是采用 solidity 语言进行编写。本课题对创世区块链文件（genesis block）配置文件初始化见图 6.8。

```json
"config": {
    "chainId": 1008,
    "homesteadBlock": 0,
    "eip150Block": 0,
    "eip155Block": 0,
    "eip158Block": 0,
    "byzantiumBlock": 0,
    "constantinopleBlock": 0,
    "petersburgBlock": 0,
    "ethash": {}
},
"difficulty": "1",
"gasLimit": "8000000",
"alloc": {
    "7df9a875a174b3bc565e6424a0050ebc1b2d1d82": { "balance": "300000" },
    "f41c74c9ae680c1aa78f42e5647a62f353b7bdde": { "balance": "400000" }
}
```

图 6.8　区块链设计方案程序

课题已实现基础操作的功能，其中区块链的底层交互平台正常运行见图 6.9。

```
Welcome to the Geth JavaScript console!

instance: Geth/v1.10.13-stable-7a0c19f8/linux-amd64/go1.17.2
coinbase: 0x5c5bffe1f3540fe41051483169dc23ebecc92af2
at block: 394 (Fri Dec 17 2021 22:37:07 GMT+0800 (CST))
 datadir: /home/lee/桌面/data
 modules: admin:1.0 debug:1.0 eth:1.0 ethash:1.0 miner:1.0 net:1.0 personal:1.0
rpc:1.0 txpool:1.0 web3:1.0

To exit, press ctrl-d or type exit
>
```

图 6.9　区块链的底层交互平台

对于各参与方的数据存储见图 6.10。

```
> eth.accounts
["0x5c5bffe1f3540fe41051483169dc23ebecc92af2", "0x6f99270b2e0f3ae3935e41b68020a4
2f79855f7e"]
> personal.unlockAccount("0x5c5bffe1f3540fe41051483169dc23ebecc92af2")
Unlock account 0x5c5bffe1f3540fe41051483169dc23ebecc92af2
Passphrase:
true
> eth.sendTransaction({ from: '0x5c5bffe1f3540fe41051483169dc23ebecc92af2', to:
'0x6f99270b2e0f3ae3935e41b68020a42f79855f7e', value: '10000', time: '2021.12.15'
, high: '5.5meter',consumption:'120ton'})
"0x009db76b96f816adcd57a450a1879ff28868ff5efe08e9fdc3599a0b6eca6607"
>
```

图 6.10　各参与方的数据存储

系统是通过区块链的不可篡改性，针对存储在区块链中的数据的 hash 值进行对比，系统拥有去中心化、数据不可篡改、可追溯等特性，在一定程度上，缓解参与方谎报数据问题，具有可行性。

6.4.3　LSTM 方案验证

图 6.11 是 LSTM 模型预测与传统 RNN 预测效果对比图。从图 6.11 可以看出 LSTM 的预测效果更接近测试数据的值。

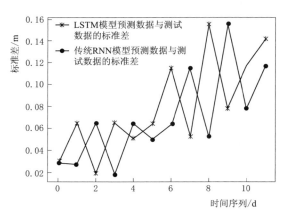

图 6.11　LSTM 预测效果

6.5　基于区块链＋LSTM 的流量补偿试点应用

6.5.1　基于区块链＋LSTM 的试点应用

项目选择了小河刘泵站作为基于区块链＋电子水尺的流量预测与补偿试点。从南水北调中线工程总干渠引水的小河刘分水口，位于河南省中牟县张庄镇小河刘村东北，主要将向中牟和新郑国际机场供水。小河刘泵站是南水北调干渠水进入港区千家万户前的第一站，分别通过泵组加压输进一水厂和二水厂。目前，小河刘泵站每天输水约 13 万 m^3。图 6.12 为小河刘泵站示意图。

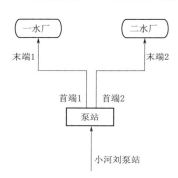

图 6.12　小河刘泵站示意图

项目在小河刘泵站前池安装了基于电子水尺的流量测量系统，其用来测量沉淀池流出的水量；在小河刘泵站前池安装了电子水位计。如图 6.13 所示，小河刘泵站的水池宽度为 17m、长为 21.4m、高为 7.314m。通过数据分析和比对发现，小河刘泵站的水量进口的水量与一水厂和二水厂的总量不等。其中，一水厂和二水厂的总量与小河刘泵站进口总水量的水量差值相当于一个二水厂的水量。

因此，课题对二水厂的水量进行了预测和补偿，以期实现对小河刘泵站总水量进行水资源交易平衡的目的。二水厂的水量计算将由小河刘泵站进口总水量、一水厂水量和前池的水位共同融合决定。故二水厂的水量最终的出口流量 S 计算公式为式（6.20），其中，水位 h_i 由电子水位计测量，其作为水量测量的关键杠杆作用。式（6.20）为二水厂的水量最终的出口流量 S 计算公式。

$$S_{2水厂}=s(v_2,h_2,l_2)=f(h,S_{1水厂},S_{小河流进水口}) \tag{6.20}$$

6.5.2　区块链＋LSTM 的流量预测与补偿模型比对

试点应用还将区块链＋LSTM 进行了测量结果比对，见图 6.13。图 6.13（a）所示的没有流量补偿，同时也没有进行水位融合的二水厂水量计算比对结果；图 6.13（b）所示的没有流量补偿，但进行了水位融合的二水厂水量计算比对结果。从图 6.13（a）和图 6.13（b）所示的可以看出，基于区块链＋LSTM 测量流量系统当没有进行流量补偿时候，其具有波动趋势和跳动特性，说明其测量具有不稳定性和测不准性。图 6.13（c）所示的进行了流量补偿，但没有进行水位融合的二水厂水量计算比对结果；图 6.13（d）所示的既进行了流量补偿，又进行了水位融合的二水厂水量计算比对结果。从图 6.13（c）和图 6.13（d）可以看出，基于区块链＋LSTM 测量流量系统当同时进行流量补偿和水位融合的时候，其波动趋势和跳动性显著下降，说明其测量具有稳定性和准确度。

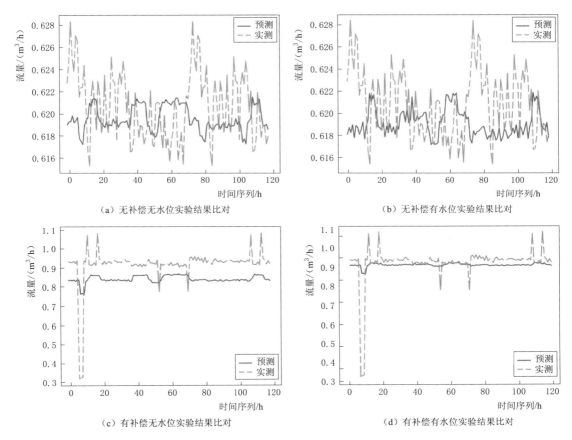

图 6.13　区块链＋LSTM 有无水位融合的测量结果比对

进一步处理可得表 6.1。可以看出，在水位图像处理与识别中，图像处理模型识别平均误差均最小，为 1.3mm；而且，其最大值绝对误差和平均相对误差均最小，具有比较优异的测试结果，所以图像处理模型识别比较适合水位的处理与识别，在水位测量中具有一定研究应用价值。

表 6.1　　　　　　　　　　　　各类模型图像识别比较

误 差 类 型	无补偿无水位	无补偿有水位	有补偿无水位	有补偿有水位
平均绝对误差 MeanAE/mm	2.8282	2.1596	1.9966	1.7685
最大值绝对误差 MaxAE/mm	2.9245	2.2833	2.1235	1.8922

6.5.3　区块链+LSTM 的流量补偿比对结论

（1）对于流量在线监测来说，基于区块链+LSTM 的方法能对流量进行预测和补偿，但具有较大的波动趋势和跳动特性，需要增加更多的信息进行融合处理，才能是系统具有测量的稳定性和测准性。

（2）相比于单独的区块链+LSTM 技术，其还不具有自动的补偿模型功能，还需要结合本项目的前期的基于数据的流量补偿模型，使得系统具有较好稳定性和科学性。

（3）从本章的研究中可以看出，应用区块链+LSTM 技术和水位结合时候能使流量预测和补偿效果更优，从而说明基于水位的流量测量是可行的，尤其是可用于流态不稳定的泵站流量监测中。

6.6　本章小结

本章主要介绍了基于区块链+LSTM 技术，首先对水厂的流量和水位等信息进行标记和存储；再搭建相对应的网络数据模型，应用区块链技术将这些信息的格式、类型等内容全部录入到计算机数据库中，从而实现对于数据的可信管理；同时应用 LSTM 神经网络处理水量时间序列数据并进行预测。基于区块链+LSTM 的模型能通过水位量变化以及其他口门的流量变化，能很好地进行流量预测和补偿功能。

第7章 基于示踪器的流量校核研究

7.1 管道流体姿态感知设计

7.1.1 测量技术

通过对姿态测量问题和相关概念的分析，项目采用了被动运动、惯性测量、单片机控制、无线数传的方案来对管道内的流动物体姿态进行监测，硬件系统工作示意图见图7.1。从测量方式可以推得，项目的传感器要执行测量加速度和获取陀螺仪数据的任务。

在此基础上将进行电路设计工作，研究如何将硬件联系起来，组成一个完整的系统，包括电源、芯片、按键、开关、接头、阻容等。硬件基本结构见图7.2。

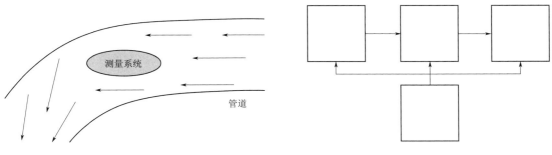

图 7.1 硬件系统工作示意图 图 7.2 硬件基本结构

7.1.2 主控平台

数字传感器作为数据的产生源头需要在控制器的操作下完成数据采集，同时控制器要具备一定的数据运算能力。项目硬件系统需要实现在管道内随流动物体运动，故而芯片体积不能过于占据空间。而且考虑到数据量并不是很庞大，但对速度有一定要求，计算能力和可靠性要相当。通常数字器件通信依赖于常见的几种数字接口，如果主控具备一定硬件接口资源无疑会具有更高的可扩展性。同时考虑到要与专业课程相近、学习难度适中、体积合适，单片机比较适合作为系统主控，同时由于PLC体积庞大，DSP芯片开发难度高，FPGA实物制作困难，所以本书不考虑使用其作为主控制器。几种工业上常见的控制器见图7.3。

7.1.3 数据传输

由于项目硬件系统需要独立运动，有线连接显然不现实，故要使用无线通信方式上传

（a）PLC　　　　　　　　　（b）FPGA　　　　　　　　（c）单片机

图 7.3　控制器

数据。具备无线通信功能的电子模块比比皆是，但大部分需要制作两部分电路，一部分负责发数据，另一部分负责连接在 PC 上接收数据，这无疑增加了系统应用的限制。当前网络通信得到大力发展，应用发展潜力很大，物联网相关概念和技术已经深入人心，而且利用现代芯片工艺制造的 WiFi 模块成本仅十元左右，体积和硬币差不多大。这样可以利用 PC 端自带的网络硬件与项目的硬件系统通信，不必制作两套系统来分别收发，而且具备很高的通信扩展性能。由于单纯射频模块需要编码，NRF 需要两部分电路，ZigBee 成本较高，而 WiFi 却很有扩展空间，因此项目采用 WiFi 模块进行数据传输更为合适（图 7.4）。

（a）LT8910无线模块　　　（b）NRF2401　　　　　（c）ZigBee　　　　　（d）ESP-WiFi

图 7.4　常见无线解决方案

7.1.4　姿态测量传感器

　　根据对姿态测量传感器提出的功能和类型上的要求，项目选用了集成陀螺仪、加速度计的运动测量单元——数字传感器 MPU-6050，该电子单元是 IIC 接口，自带数字运动处理，见图 7.5。

　　1. MPU-6050 简介

　　MPU-6050，这是一个六轴运动感知、电子、数字器件，是个很超前的器件。在此之前，要想测量一个物体移动时惯性作用的变化，要分立测量，不同的测量单元存在时间差异，而且一个个独立单元接在一起会占据更大空间，不利于系统轻小化。IIC 连上三轴磁强计就变成了九轴感应。利用人的动作来操控游戏的人机接口、稳定图像采集控制系统、惯性导航工业应用技术、电子手势识别接口、运转中的机器力学传感器都有其身影。内置的数字运动处理引擎，可减少复杂的数据融合演算。为了解该芯片数据处理和应用机理，作者展开多方学习，认识了该芯片内置处理功能，想到了项目应用的可能性（图 7.6）。

图 7.5　MPU-6050 惯性坐标系和其芯片实物　　　图 7.6　MPU-6050 随 PCB 运动示意

MPU-6050 模块外围电路已经搭好，只引出了主要控制线路。表 7.1 是其引脚介绍。其中 SCL 和 SDA 连接 MCU，就是 IIC 接口，MCU 通过这个 IIC 接口来控制 MPU-6050。项目利用单片机控制 AD0 引脚控制 IIC 地址。

表 7.1　　　　　　　　　　　MPU-6050 模块引脚

VCC	电源正极	XDA	从 IIC 接口数据线
GND	接地	XCL	从 IIC 接口时钟线
SCL	IIC 接口时钟线	AD0	从 IIC 接口地址控制引脚
SDA	IIC 接口数据线	INT	中断信号输出

2. 通信接口

MPU-6050 模块采用 IIC 通信接口，主控芯片要按照 IIC 通信时序配置芯片内部寄存器，使其工作处于需要的状态，输出特定格式数据，同时按此规则读取数据。所以主控芯片应当具备 IIC 硬件接口或可以利用软件方式控制 I/O 端口实现此协议下的通信。

3. 数传器件

在具备无线通信功能的模块中，图 7.7 所示的 ESP-12F WiFi 模块以其精美外观、相对低的成本、小身材、低耗电、齐全的技术支持而成为诸多物联网应用的选择。项目选用此模块作为和上位机的连接器件，实现了无线连接，同时为后期功能扩展提供了较大空间。

7.1.5　微控制器选用

微控制单元（MCU）中最为熟知的是 51 系列单片机，其中涉及的数字电路知识是较为

图 7.7　ESP-12F WiFi 模块实物

通用的，可为学习其他单片机提供基础知识背景。项目综合考虑单片机应用需求、硬件资源、计算能力、可靠性、芯片成本、学习难度、技术资料支持、可再度添加动作等因素，

选用 STM32F103C8T6 型号的单片机。该单片机是一款有相当丰富的处理和外围硬件资源，性价比较高，运算速度较快，技术资料丰富，学习较为容易的控制核心选项。

STM32F103C8T6，具有高速、多外设、低功、低压、高水平集成、低价、架构简易、编辑工具强等优点。应用场景包括电机驱动和应用控制，总线 32 位，速度 72MHz，封装为 48 - LQFP 托盘，实物图见图 7.8。

7.1.6　电源管理

电压稳定对测量具有决定性意义。本项目硬件系统芯片工作电压普遍为 3.3V，使用如图 7.9（a）所示的单节锂电池供电可以达到效果，使用稳压芯片将 4V 左右的电压降至 3.3V，配合开关和跳线管理系统电源。电源芯片型号为 MIC5219 - 3.3YM5（LG330），贴片 SOT - 23 - 5 封装，相比于图 7.9（b）所示的 AMS1117，占用 PCB 空间小。

（a）软包锂电池　　　　（b）AMS1117

图 7.8　STM32F103C8T6　　　　　　　图 7.9　电池与稳压芯片

稳压芯片和锂电池组成电源系统，稳压芯片应用电路见图 7.10。

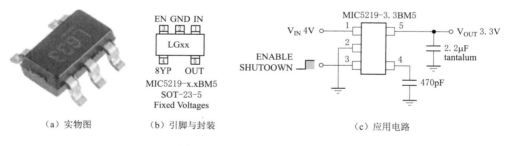

（a）实物图　　（b）引脚与封装　　　　　　（c）应用电路

图 7.10　MIC5219 - 3.3YM5

7.1.7　工具与原料

由于需要制作硬件系统，制作 PCB 及电路焊接少不了，焊锡，其质量的好坏影响焊接实际效果，如成色和结合程度。项目使用的电烙铁为控温电烙铁，在合适的温度范围内，较容易焊接成功。烙铁架可防止烙铁放到其他地方引起灼烧，造成危险，底座里可以放高温海绵，擦去多余焊锡。吸锡器可在焊接错误时吸去焊锡，拆除元件等。助焊剂可以使元件、焊盘、焊锡更好地黏合。剪、钳可以剪引脚、导线等。另外需要采购电路周边元件和芯片，且必须按照设计的封装尺寸。

7.2 管道流体姿态解算硬件实现

7.2.1 硬件电路设计

实验完成后就要着手设计硬件系统的电路原理。首先要解决的是电源供应问题，由于模块上的芯片只需 3.3V 电源，而单节锂电池的电压实际在充好电时可达到 4.2V，需要降压稳压。查阅资料可知解决这个问题只需一颗电源芯片辅以外围电路即可，项目采用了较为常用的电源芯片 MIC5219 - 3.3YM5 - TR，从 miniUSB 接头提供的 5V 电源也可以被稳定到 3.3V 左右。另外 WiFi 模块对于电源要求较高，所以项目使用了双电源系统，即使用两颗电源芯片分别为单片机系统和 WiFi 模块稳压，以保证系统工作的稳定性，另外添加了一颗 LED 灯指示电源供应情况。MPU - 6050 模块考虑人工焊接可能造成的损伤，采用了电子模块，板载稳压芯片，只需接电池或 miniUSB 接头提供电源即可。剩下的就是依据手头资料、开发板和模块提供的线索为单片机设计外围服务电路，如时钟、复位、I/O 控制的 LED 指示灯、引出的测量点和引脚等，调试工具使用的是 ST - LINK，包括电源在内共四根线，这是必须的部分。

7.2.2 原理图绘制

对电路结构有了详细认识以后为了方便制作 PCB，首先需要将电路图转化成原理图。项目利用强大、易用的在线 EDA 平台来完成这项工作。在线平台有丰富的资源可供选用，在平台库中能找到大部分器件的原理图，无法找到的通过自行绘制也是相当便捷的。找齐了器件原理图，就可以利用网络标号和电路原理资料，使器件之间能建立网络。检查无误后可以准备 PCB 绘制了。导入 PCB 之前要为每个器件选择合适的封装，最重要的就是尺寸一定要符合实际元件焊接要求，否则制出的板子将极有可能报废。

STM32103C8T6 的原理图形式见图 7.11，在线平台有大量已有原理图库，直接查找可以提高绘制效率，也可以根据需要修改器件，再另存为原理图库。

如图 7.12（a）所示的复位电路有两个功能，一是利用电容充电过程将阻容节点电平拉低，这样的话接上电时会有复位的效果，二是按键可以直接拉低电平实现手动复位。

BOOT0 和 BOOT1 可以使用跳线帽配置成高或低电平，原理图见图 7.12（b），以此方式改变主控芯片启动方式。启动方式与 BOOT 引脚配置关系见表 7.2。

表 7.2   BOOT 引脚状态与启动模式

BOOT1 $= X$	BOOT0 $= 0$	从用户闪存（flash）启动，正常模式，多用此模式
BOOT1 $= 1$	BOOT0 $= 1$	从内置 SRAM（内存）启动，此模式一般用于调试
BOOT1 $= 0$	BOOT0 $= 1$	从系统存储器启动，可用于调试

外部低速时钟电路，见图 7.12（c），结合内部电路组成振荡器，可为 RTC 产生高精度 CLK 信号，晶振实际上起到选频稳频的作用。

外部高速时钟电路，原理图见图 7.12（d），经过内部倍频可以产生高达 72MHz 的高速时钟信号。一般情况下这颗晶振是不可少的。在设计实际电路时应尽量靠近芯片，避免

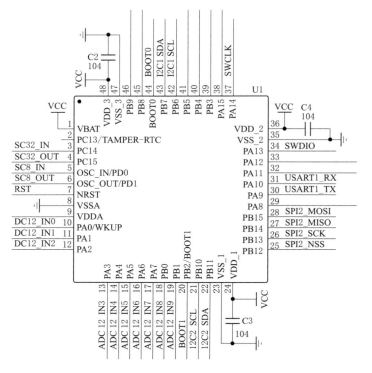

图 7.11　STM32103C8T6 原理图

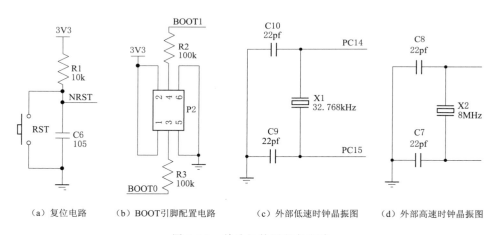

（a）复位电路　　（b）BOOT引脚配置电路　　（c）外部低速时钟晶振图　　（d）外部高速时钟晶振图

图 7.12　单片机外围服务电路

外部干扰过强时影响系统正常时基。

　　项目使用的 ESP8266 模块不能直接插到底座，需要焊一圈给它服务的元件，电路原理图见图 7.13，这里再次使用了电源芯片，为的是给 WiFi 模块提供稳定电流和电压，以增强通信稳定性。项目引出了该模块的复位、Flash 写控制、串行总线等功能性引脚，为方便成品调试预留。

　　MiniUSB 接头连接原理见图 7.14（a），在平时可以作为为系统暂时供电的接入点，

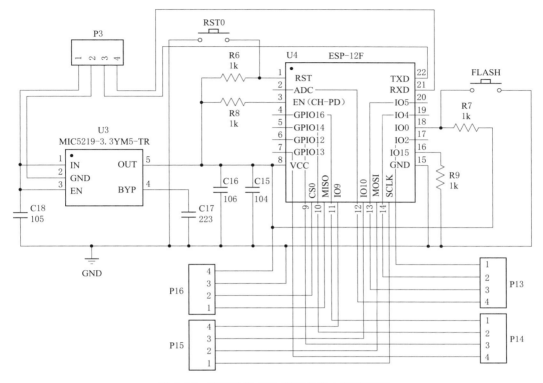

图 7.13 ESP8266 模块及其外围电路原理图

这种接头较为常见，使用起来顺手。图 7.14（b）所示的稳压电路由于使用了集成芯片，所以结构十分简单，只有电容作为外围元件，它把电源电压稳到 3.3V 供给单片机。

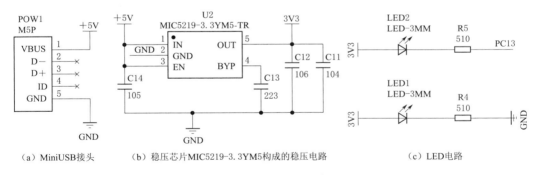

（a）MiniUSB接头　　（b）稳压芯片MIC5219-3.3YM5构成的稳压电路　　（c）LED电路

图 7.14 电源与灯光指示

图 7.14（c）有两个 LED 灯，LED1 电源指示灯仅作为硬件电源指示，方便查看电源状态，项目用其指示的是接到单片机的 3.3V 电源的供应状态。接到单片机 PC13 脚的 LED2，可以编程控制其状态（即亮灭），用来指示程序运行状态。由于使用 PC13 这个 I/O，在主控程序中需要禁用入侵检测功能才能使用其普通 I/O 功能。项目使用 PC13 这个 I/O 控制 LED 是考虑到实际电路布局问题，因为在该引脚所在一侧的单片机引脚几乎都是时钟和电源输入脚，和其他引脚构成控制线引出不方便，而且复用功能不常用，工作

速度和驱动能力有限制，使用其控制 LED 可以留出更多可扩展性强的引脚。

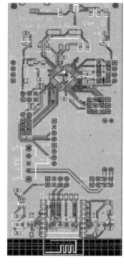

（a）顶层　　　　　　　（b）实物

图 7.15　PCB 整体概览

7.2.3　PCB 设计及焊接

在工程下创建 PCB 文件，导入原理图中的封装和网络信息，按照系统要求设置好边框，开始设计各个元器件的布局，板子大致分为电源区、最小系统区、传感区、通信区。合理的元器件布局会减小布线难度（图 7.15）。

另外需要注意的是电源电路线宽，电流汇总的线稍宽些，提高载流能力。考虑到需要人工焊接，元件之间距离应在人工可以操作的范围内。最后是板子的敷铜，本项目采用的是 EDA 平台的自动布线功能，布线时忽略了 GND 网络，因为在敷铜时会连接大部分的地线。进行 DRC 检查无误，但可能出现部分 GND 网络未连接的问题，这是由于部分 GND 网络处在了平面封闭区域，无法连接到附近网络。这时需要手动修改，通过过孔等手段连接这些区域可以解决此问题。

电气规则检查和网络检查完全无误的 PCB 文件就可以导出制造文件，下单制板。收到厂家发过来的 PCB 板后，简单检查和测量后着手焊接。由于贴片元件十分微小，故焊接之前要先根据元件种类和值等参数分类，比如先焊接电阻和电容，以防其他大一些的元件阻碍焊接它们。另外，相同值的阻容器件一起焊接避免混淆，有极性的元件要注意方向问题（图 7.16）。

图 7.16　USB 供电电源区 PCB 与焊接后的实物

电源区域焊接好一定要检查，预防短路情况。调整好焊接姿势有利于顺利完成焊接，最好用其他板子练习一下，摸索技巧和手感后再动手焊接系统电路。

主控最小系统区域在进行元件布局设计时考虑尽量使元件接近连接到的单片引脚，同时要预留足够间隙让线路尽量不用走过孔，这会使电路性能在一定程度上有所提高，特别是在线路信号频率较高时可以减少反射噪声，线路尽量不走直角也是这个道理。单片机焊接时应避免长时间地用烙铁接触，预防热量过高导致半导体结构被破坏，芯片不能正常工作，这部分焊接难度较大，单片机引脚较为密集，容易发生短路情况，焊接既要减少器件损伤的可能性，也要避免虚焊，焊接完后要仔细使用刷子，认真地清理可能存在的残渣，需要对引脚进行细致检查，防止出现本不该有的线路问题影响系统正常工作。项目将单片机 I/O 悉数引出，方便检测（图 7.17）。

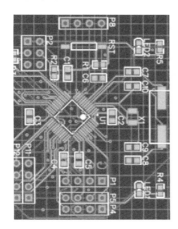

图 7.17 主控区和其焊接好的电路

　　WiFi 模块外围电路元件大致对称分布，两个按键分别控制模块的复位和固件更新，在板子底部引出了模块的所有脚，方便焊接完成后的测试。这一区域较为独立，除了地线，其他引脚连接的元件与最小系统隔离，可以通过跳线帽连接单片机串口和电源。这样设计是为了能够单独对 WiFi 模块调试，避免系统其他部分的干扰，容易排查问题位置。这一部分实际上扮演了转接板的角色，除了电源指示灯和单片机电源共用，其他元件都为 WiFi 模块服务。硬件电路相对容易焊接，但在测试中出现了问题，检查出是电阻值问题，随即更换了电阻（图 7.18）。

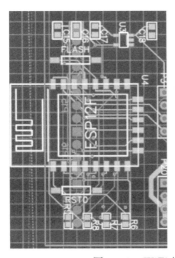

图 7.18 WiFi 模块及其周围电路

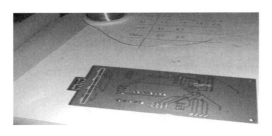

图 7.19 电路板背面焊接

背面主要是插件类的元件，比较容易焊接，所以放到最后焊接。先点一点焊锡固定插件的一个脚，再用边熔化焊锡边用手扶正元件，之后焊接其他引脚（图 7.19）。

在进行焊接工作时，见图 7.20，应注意通风，尽量使用抽气风扇把焊锡烟吹离人体，做好焊接工作时的必要防护措施，因为吸到的焊锡气体里面有铅，可渗透表皮，损伤身体，另外要防止烙铁对身体造成烧伤，不要习惯性地拿手试探温度，以及注意保持烙铁远离其他易燃物品，使用完务必及时断电，提高自身消防安全意识。

焊接完成后为使项目的硬件减少返工概率，用万用表仔细量了电气连接，见图 7.21，尤其关注要短路情况，这是致命的，检测通过后才可以上电进行功能测试的工作。

图 7.20 焊接工作现场

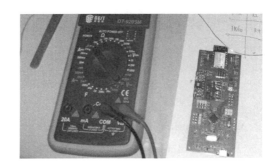

图 7.21 对焊接好的硬件进行检测

7.2.4 硬件测试

项目预留了测试接口，可以对模块进行独立的测试。首先测试单片机是否可以正常下载程序，如点亮板子上的 LED 灯。而后利用单片机读取传感器原始数据并利用串口送至 PC 端，观察数据是否正常。同样使用 USB_TTL 转接模块调试 WiFi 模块，使用 AT 指令观察模块行为是否正常。测试与此前使用硬件模块进行调试类似，这里不再赘述。在这一环节发现 WiFi 模块工作不稳定，经测量电压参数和与可用模块进行比对发现 WiFi 模块外围电阻取值不当，拆除后重新焊接，再次测试发现解决了这一问题。

7.3 水流姿态解算数学模型

7.3.1 三维模型

对于计算机来说，一切都可以用数据来描述。项目用到了三维模型，来呈现管道内流动物体的运动姿态，通过了解计算机图形相关知识利用网络资源找到了一种以文本文件格式保存的三维模型，其中的数据来源于机械制造领域应用到的图形编辑工具

SOLIDWORK，文件定义了一种最简单的计算机三维图形数据结构，比较容易使用。根据图形编辑工具，SOLIDWORK 定义的文件格式也可以自定义简单图形，结构复杂、数据量庞大时还是利用相关工具更为便捷，本章出于实验性目的才使用此法。

项目要利用三维模型来呈现管道内流动物体的运动姿态，通过了解计算机图形相关知识，找到了一种较为简洁的三维图形数据存储格式。该三维模型数据被保存在一个文本文件中，主要由法向量和三角面元的三个顶点坐标构成。见图 7.22。

该模型先定义了面元法向量 facetnormal，法向量由内侧指向外侧，是为了区分模型面元的内面和外面，然后用三个顶点坐标圈定了一个三角形面元，进而用面元构建模型表面，这样所有面元的集合就是一个封闭的三维模型数据，组合起来构成了一个完整的三维模型，可以由 Matlab 读取在屏幕上显示成为三维模型图像（图 7.23）。三维模型并不是只有这一种形式，实际上只要可以提供描述物体表面元素坐标信息的数据都可以用来绘制三维模型。对于 Matlab 来说，文本也是一个矩阵，只要将数据按顺序排列好，根据数据所在位置下标就可以方便地提取特定数据。项目利用了 Matlab 强大的字符串操作识别数据，用少量的数据构成了简易三维模型。

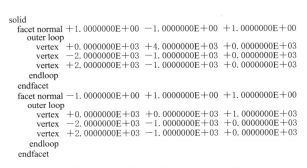

图 7.22　模型文件中的文本内容

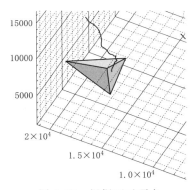

图 7.23　根据面元顶点
信息绘制的三维模型

7.3.2　数据运算

项目需要使用三维模型来呈现姿态，对模型转动和移动的操作必不可少。如何对计算机图形进行此类操作是项目主要研究的一个问题。计算机三维图形以直角坐标系坐标点的格式存储，要想使之运动，本质上就是通过数学运算修改坐标点。

所以这里涉及向量旋转的几何代数概念，即旋转矩阵。旋转矩阵分为主动旋转和被动旋转矩阵，主动旋转矩阵给出了一个向量相对于坐标系旋转一定角度时初始坐标和旋转后坐标关于角度的关系，即向量旋转，坐标轴固定，正是项目所使用的；被动旋转是其逆操作，通过改变坐标轴相对位置呈现向量旋转，即向量不动，坐标轴转动。下一节以平面内一个向量的旋转为例介绍旋转矩阵的概念，并引入三维旋转的数学表达。

7.3.3　旋转矩阵

旋转矩阵本质上是利用矩阵运算规则从向量运算中提取的一个系数方阵，和目标向

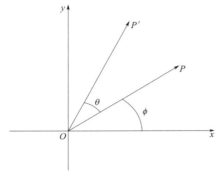

图 7.24　向量的旋转

量运算后可以得到等效于该向量在坐标系中旋转某一角度后的向量。下面将介绍向量的旋动计算原理。

图 7.24 中，P 代表旋转之前的向量，ϕ 是其与 x 轴之间的夹角，P' 代表 P 旋转 θ 之后得到的向量，相对于 P 而言，P' 模的大小不变化，都为 R，仅由于角度偏转而发生了位置上的变化。设坐标 $P(x_0, y_0)$，$P'(x_1, y_1)$，则可以得到如下数学表达式。

$$x_1 = R * \cos(\phi + \theta) \tag{7.1}$$

$$y_1 = R * \sin(\phi + \theta) \tag{7.2}$$

从式（7.1）和式（7.2）中并不能直接看出旋转后的坐标和原始坐标以及旋转角之间的关系，因为还存在变量 R 和 ϕ，所以利用三角函数两角和公式分解式（7.1）和式（7.2），得到的结果如下：

$$x_1 = R * \cos(\phi)\cos(\theta) - R * \sin(\phi)\sin(\theta) \tag{7.3}$$

$$y_1 = R * \sin(\phi)\cos(\theta) + R * \cos(\phi)\sin(\theta) \tag{7.4}$$

又由坐标图可以看出：

$$x_0 = R * \cos(\phi) \tag{7.5}$$

$$y_0 = R * \sin(\phi) \tag{7.6}$$

那么其实变量 R 和 ϕ 可以用原始坐标替代，整理成如下的关系：

$$x_1 = x_0 * \cos(\theta) - y_0 * \sin(\theta) \tag{7.7}$$

$$y_1 = y_0 * \cos(\theta) + x_0 * \sin(\theta) \tag{7.8}$$

将式（7.7）和式（7.8）以矩阵形式表达如下：

$$\begin{bmatrix} x_1 \\ y_1 \end{bmatrix} = \begin{bmatrix} \cos(\theta) & -\sin(\theta) \\ \sin(\theta) & \cos(\theta) \end{bmatrix} * \begin{bmatrix} x_0 \\ y_0 \end{bmatrix} \tag{7.9}$$

即二维向量的旋转矩阵：

$$M(\theta) = \begin{bmatrix} \cos(\theta) & -\sin(\theta) \\ \sin(\theta) & \cos(\theta) \end{bmatrix} \tag{7.10}$$

现在将坐标系扩展到三维，将空间直角坐标系下的向量旋转看做是分别绕 x、y、z 轴的旋转的叠加。以绕 z 轴旋转为例，建立空间直角坐标系（图 7.25）。

设 P' 为原向量 P 在 x-y 平面上的映射，模为 R'、P'' 为旋转后的向量在 x-y 平面上的映射，则

$$x_1 = R' * \cos(\phi + \theta) \tag{7.11}$$

$$y_1 = R' * \sin(\phi + \theta) \tag{7.12}$$

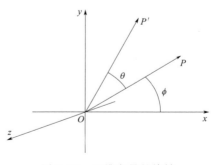

图 7.25　三维向量的旋转

$$z_1 = z_0 \tag{7.13}$$

参照二维旋转矩阵的推导过程，得到绕 z 轴的旋转矩阵如下：

$$M_3(\theta) = \begin{bmatrix} \cos(\theta) & -\sin(\theta) & 0 \\ \sin(\theta) & \cos(\theta) & 0 \\ 0 & 0 & 1 \end{bmatrix} \tag{7.14}$$

同理得到绕 x 轴的旋转矩阵为

$$M_1(\theta) = \begin{bmatrix} 1 & 0 & 0 \\ 0 & \cos(\theta) & -\sin(\theta) \\ 0 & \sin(\theta) & \cos(\theta) \end{bmatrix} \tag{7.15}$$

以及绕 y 轴的旋转矩阵为

$$M_2(\theta) = \begin{bmatrix} \cos(\theta) & 0 & \sin(\theta) \\ 0 & 1 & 0 \\ -\sin(\theta) & 0 & \cos(\theta) \end{bmatrix} \tag{7.16}$$

三维旋转可以看成绕这三个轴旋转的叠加，依次乘以三个旋转矩阵就可以得到旋转后的坐标。

设原向量绕 x、y、z 旋转的角度分别为 θ_x、θ_y、θ_z，则可以使用下面的公式表达这一过程。

$$\begin{bmatrix} x_1 \\ y_1 \\ z_1 \end{bmatrix} = M_1(\theta_x) * M_2(\theta_y) * M_3(\theta_z) * \begin{bmatrix} x_0 \\ y_0 \\ z_0 \end{bmatrix} \tag{7.17}$$

由矩阵运算的相关知识可以进一步得出，同时旋转三个向量时：

$$\begin{bmatrix} x_1' & x_2' & x_3' \\ y_1' & y_2' & y_3' \\ z_1' & z_2' & z_3' \end{bmatrix} = M_1(\theta_x) * M_2(\theta_y) * M_3(\theta_z) * \begin{bmatrix} x_1 & x_2 & x_3 \\ y_1 & y_2 & y_3 \\ z_1 & z_2 & z_3 \end{bmatrix} \tag{7.18}$$

上式即为面元旋转的矩阵计算式。了解到这里项目就可制定姿态数据可视化呈现的软件主框图了。

运行过程见图 7.26，首先软件要和硬件取得联系，获取姿态数据，最终得到姿态角和位移数据。同时软件要将三维模型加载到程序中，准备参与运算并显示到屏幕上来。而后利用运算公式按照姿态参数操作模型数据得出新的图像，通过刷新图像达到动态显示的效果。为了记录图像动态过程，项目考虑将显示的图像按顺序保存至视频文件。

7.3.4 实验程序设计

对于软件而言，数据来源是不容忽视的问题，但在没有硬件设备提供的数据时，可以利用表格或文本的形式的数据作为数据源进行试验，软件只要留出相应的数据接口就可以根据硬件自由切换接收模块。所以项目起步时与负责硬件的人员约定数据协议，先制作了

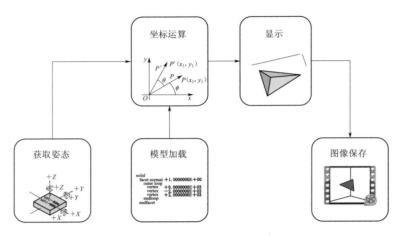

图 7.26　姿态数据呈现主框图

文本形式的数据进行软件其他部分的设计实验工作（图 7.27）。

88	A1	0C	00	7A	03	56	3C	A4	FF	EF	00	17	FF	F5	E1
88	A1	0C	00	6E	03	64	3C	8C	FF	EE	00	1A	FF	F6	CE
88	A1	0C	00	A4	03	68	3C	8E	FF	EE	00	16	FF	F6	06
88	A1	0C	00	98	03	70	3C	90	FF	ED	00	0D	FF	F6	FA
88	A1	0C	00	86	03	50	3C	84	FF	FF	00	11	FF	F6	C2
88	A1	0C	00	96	03	6E	3C	80	FF	EE	00	10	FF	F5	E9
88	A1	0C	00	78	03	5C	3C	7E	FF	ED	00	15	FF	F5	BB
88	A1	0C	00	78	03	82	3C	A2	FF	EE	00	1F	FF	F6	11
88	A1	0C	00	68	03	56	3C	A0	FF	F0	00	19	FF	F6	CF
88	A1	0C	00	B6	03	76	3C	68	FF	EE	00	16	FF	F6	00
88	A1	0C	00	7C	03	60	3C	72	FF	EE	00	13	FF	F5	B6
88	A1	0C	00	AA	03	6C	3C	5E	FF	EE	00	11	FF	F5	DA
帧头	功能字	数据长度					数据（包含位移变化量和角度）								和校验

图 7.27　数据的结构

　　数据以十六进制文本格式保存，每个字节用空格分开，每帧数据又以回车换行分割。以图 7.27 为例，88 是数据帧头，A1 是保留功能字节，后面一字节是指该帧数据携带的数据长度，单位为字节，暂定携带 12 字节数据，故为 0C，最后一字节是所有数据相加之和，可用于校验数据。数据的结构见表 7.3。

　　关于从文本中提取数据，Matlab 提供了较为丰富的文本读取工具，通过查阅相关资料，本项目采用了字符串操作的方式分离文件中不同属性的数据，这种方法使用比较灵活，可以随数据格式变化而轻松地进行更改。读取数据的详细逻辑过程见图 7.28。

　　根据逻辑框图编写程序，部分程序的说明见表 7.3。

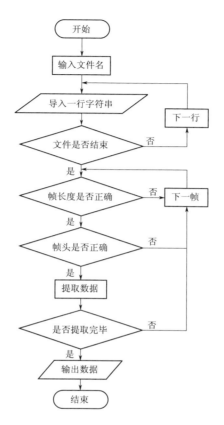

图 7.28 数据读取逻辑框图

表 7.3	文件内数据读取部分程序说明
function[A,G]＝unpac(filename)	将此部分定义成一个函数，输入参数为文件名，输出参数为两个 $n*3$ 的矩阵
Fid＝fopen(filename,'r')	打开文件进行读操作
while～feof(fid)	判断文件是否结束
fgetl(fid)	从文件中读取一行
fclose(fid)	关闭文件
length(strline)	获取共有多少行字符串
length(strline{n})	获取该行字符数目（包括空格）
strcmp(strline{n}(1:8),'88 A1 0C')	比较该行指定字符串
hex2dec([strline{n}(10:11),strline{n}(13:14)])	将指定的字符序列转化成十进制数据

程序读取到的数据经过整理输出结果见图 7.29 和图 7.30。

G =		
−0.0044	0.0044	−0.0041
−0.0044	0.0046	−0.0018
−0.0044	0.0044	−0.0027
−0.0042	0.0048	−0.0077
−0.0044	0.0044	−0.0021
−0.0044	0.0046	−0.0027
−0.0042	0.0044	−0.0006
−0.0044	0.0046	−0.0021
−0.0044	0.0046	−0.0024
−0.0042	0.0044	−0.0018
−0.0042	0.0044	−0.0112
−0.0044	0.0044	−0.0021
−0.0044	0.0044	−0.0056
−0.0042	0.0044	−0.0047
−0.0044	0.0046	−0.0030
−0.0044	0.0046	−0.0032
−0.0044	0.0044	−0.0038
−0.0042	0.0044	−0.0044

图 7.29　输出的角度矩阵

A =		
0.6834	0.1058	−0.0760
0.6800	0.1048	−0.0726
0.6800	0.1013	−0.0760
0.6777	0.1012	−0.0692
0.6788	0.1006	−0.0722
0.6782	0.0989	−0.0719
0.6774	0.0958	−0.0702
0.6790	0.0976	−0.0727
0.6768	0.0981	−0.0700
0.6786	0.0993	−0.0724
0.6775	0.1067	−0.0711
0.6815	0.1063	−0.0757
0.6805	0.1070	−0.0666
0.6814	0.1067	−0.0710
0.6822	0.1042	−0.0714
0.6784	0.1043	−0.0736
0.6808	0.1024	−0.0728
0.6775	0.0998	−0.0702

图 7.30　输出的位移变化量矩阵

有了姿态参数和构成模型的向量就可以进行数学运算，将运算结果绘制成图，就可以使系统姿态以画面的形式显示在屏幕上，同时可以将获取的图像保存为图片或视频文件。此部分的程序流程见图 7.31。

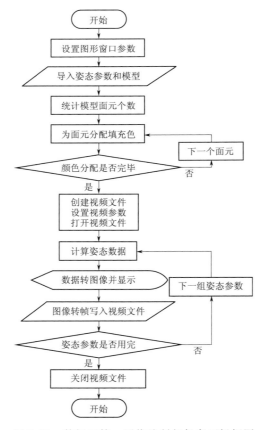

图 7.31　数据运算、图像绘制与保存逻辑框图

关于数据运算、图像绘制与保存的程序说明见表 7.4。

表 7.4 关于数据运算、图像绘制与保存的程序说明

grid on	坐标系背景网格设置
hold all	保持显示的图形
box on	坐标轴之间的平面加框
axis equal on	坐标轴刻度等比例显示
xlabel('x');ylabel('y');zlabel('z');	坐标轴添加标签
axis([$-6000,6000,-6000,6000,-6000,6000$])	设置坐标轴刻度显示范围
set(gca,'View',[$45,15$])	设置坐标轴观察视角
camlight	加入光照效果
vertex＝XLoader('CFT. txt')	加载三维模型
s1＝length(vertex)/3	统计模型面元数目
Fcolor{1,n}＝[$n/s1,1-n/s1,1-n/s1$];	生成渐变颜色
hFill{1,n}＝fill3(vertex($3*n-2:3*n$,1),vertex($3*n-2:3*n$,2),vertex($3*n-2:3*n$,3),Fcolor{n},'EdgeAlpha',0);	保存填充过颜色的面元序列,不显示边角
[A,G]＝unpac('data. txt')	读取姿态参数
aviobj＝VideoWriter('rotate. avi')	创建视频文件
set(aviobj,'FrameRate',8,'Quality',100)	设置视频参数
open(aviobj)	打开视频文件
B_G＝M1(G(n,1)*pi)*M2(G(n,2)*pi)*M3(G(n,3)*pi)	合并三个方向的旋转矩阵
orbit＝orbit＋[A(n,1)*10,A(n,2)*10,A(n,3)*10]	位移累加
newVertex＝B_G\[vertex($3*m-2$,:)',vertex($3*m-1$,:)',vertex($3*m$,:)']＋[orbit',orbit',orbit']	计算旋转和移动后的面元坐标
set(hFill{1,m},'XData',newVertex(1,1:3)','YData',newVertex(2,1:3)','ZData',newVertex(3,1:3)')	更新面元坐标数据但不改变颜色对应关系
frame＝getframe(gca)	从当前图像窗口获取视频帧
writeVideo(aviobj,frame)	将视频帧写入视频文件
close(aviobj)	关闭视频文件

运行程序,可以利用查看变量和命令框输出来观察计算过程和结果,也可以据此发现程序中存在的问题,提供解决问题的参考方法(图 7.32)。

从文本中读取的构成三维模型的向量每三行分为一组,每组代表一个面元,所以在统计面元数目时,只要将该矩阵行的长度除以三即可(图 7.33)。

vertex＝

0	4000	0
−2000	−1000	0
2000	−1000	0
0	0	1000
−2000	−1000	0
2000	−1000	0
0	4000	0
0	0	1000
0	4000	0
0	0	1000
2000	−1000	0

hFill＝

　　1×4 **cell** 数组

| [1×1 Patch] | [ ] | [ ] | [ ] |

hFill＝

　　1×4 **cell** 数组

| [1×1 Patch] | [1×1 Patch] | [ ] | [ ] |

hFill＝

　　1×4 **cell** 数组

| [1×1 Patch] | [1×1 Patch] | [1×1 Patch] | [ ] |

hFill＝

　　1×4 **cell** 数组

| [1×1 Patch] | [1×1 Patch] | [1×1 Patch] | [1×1 Patch] |

图 7.32　三维模型的向量矩阵　　　　　　图 7.33　给每个面元填充颜色并存入变量 hFill

　　本项目为了减轻软件计算负担，使用了一个仅由四个三角面元构成的三维模型，通过与之前的复杂模型对比，图像刷新速度要快得多，显示运动的效果更为流畅。

　　根据读入的模型文件数据长度，利用公式得到每个面元的颜色矩阵，本项目达到渐变填充模型的效果。在显示图形之前，利用 Matlab 提供的三维空间多边形填充函数 fill3，即依次将对应颜色填充到模型面元，使模型的立体感得到增强。

　　由于提前填充过颜色，所以在显示变化过的图像时只需要改变每个颜色矩阵对应的面元顶点坐标数据就可以达到效果，本项目使用 set 函数更改 hFill 的 x、y、z 数据来实现这一过程。

　　Matlab 还提供了三维图形光照效果方法，使图形看上去更具立体质感（图7.34）。

　　该三维模型指向在坐标轴中的初始位置与运动姿态测量传感器芯片上的坐标系一致，这是为了方便观察三维模型姿态能否符合硬件系统运动状态。

　　Matlab 在运行程序时如果不加分号，在命令框里就可以看相应数据的输出情况，图 7.35 显示的是输入角度参数后计

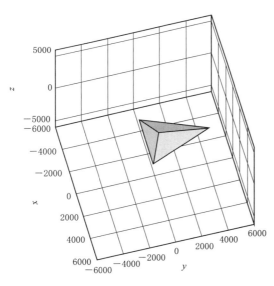

图 7.34　根据提取的模型数据绘制的三维模型

算出的绕各个轴旋转的旋转矩阵。图 7.36 显示的是由角度数据计算出的物体姿态旋转矩阵和由位移数据得到的当前位移量。

$m_1=$

1.0000	0	0
0	0.9999	−0.0139
0	0.0139	0.9999

$m_2=$

0.9999	0	−0.0137
0	1.0000	0
0.0137	0	0.9999

$m_3=$

0.9999	−0.0130	0
0.0130	0.9999	0
0	0	1.0000

$m_1=$

1.0000	0	0
0	0.9999	−0.0139
0	0.0139	0.9999

$m_2=$

0.9999	0	−0.0145

图 7.35 计算出的各个轴向的主动旋转矩阵

B_G=

0.9998	−0.0130	−0.0137
0.0128	0.9998	−0.0139
0.0139	0.0138	0.9998

orbit=

6.8338	1.0582	−0.7602

B_G=

0.9999	−0.0056	−0.0145
0.0054	0.9999	−0.0139
0.0145	0.0139	0.9998

orbit=

13.6335	2.1065	−1.4863

B_G=

0.9999	−0.0083	−0.0137
0.0082	0.9999	−0.0139
0.0138	0.0138	0.9998

orbit=

20.4331	3.1198	−2.2465

图 7.36 物体姿态旋转矩阵和当前位移量

为了达到三维旋转的效果，需要将三个旋转矩阵合并，即进行乘法运算，得到叠加后的旋转矩阵 B _ G，再与需要旋转的向量相乘。

除了旋转，模型还要表现出移动的效果，这里定义了一个 orbit 变量，它会随着每次移动累加，每次移动的路线会被描绘出来，达到轨迹显示的效果。计算出旋转后的面元向量矩阵和每个顶点的位移，实验得到的这两个数据如图 7.37 所示。

面元由三组坐标数据构成，更新后的数据结构保持不变，为了对其矩阵维度，位移向量需要通过转置组合的方式组成一个 3×3 的矩阵，以同时移动面元的三个顶点。图 7.37 显示的就是更新后的面元顶点坐标矩阵和其相对初始位置发生的位移矩阵的实验数据输出。

从实验结果来看，本项目计算方式无误，达到了数据控制图形的效果，而且每一幅图像会被保存到一个视频文件，可以打开播放，见图 7.38。

Matlab 提供了强大的视频文件处理方法，能够轻松地将图像转换成视频文件的帧，其输出视频帧结构见图 7.39。图 7.40 为其中一个画面帧的 RGB 矩阵。

newVertex=

1.0e+03 *

0.0580	−2.0056	1.9937
4.0003	−0.9728	−1.0247
−0.0565	0.0406	−0.0142

NEWORBIT=

6.8338	6.8338	6.8338
1.0582	1.0582	1.0582
−0.7602	−0.7602	−0.7602

newVertex=

1.0e+03 *

0.0207	−2.0056	1.9937
0.0148	−0.9728	−1.0247
0.9990	0.0406	−0.0142

NEWORBIT=

6.8338	6.8338	6.8338
1.0582	1.0582	1.0582
−0.7602	−0.7602	−0.7602

图 7.37 旋转后的面元向量矩阵
和顶点位移矩阵

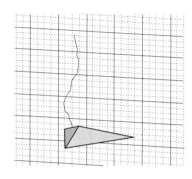

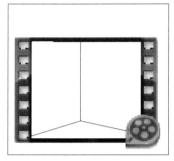

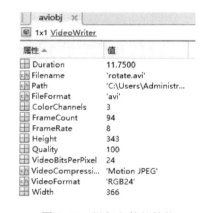

图 7.38　随数据旋转和移动的模型和其移动轨迹以及记录　　　　图 7.39　读取到的画面帧的组成

　　所谓的帧其实就是一幅图片，包含了画面的像素参数。创建的视频文件结构见图 7.41，这里列出了视频文件属性，可以通过程序进行设置。

图 7.40　画面帧的 RGB 矩阵　　　　　　　　图 7.41　视频文件的结构

7.4　水流姿态解算功能实现与测试

7.4.1　数据成分

　　项目硬件系统中数据的来源是运动传感器 MPU - 6050，其在不同工作模式下的输出稍有差异，比如在普通模式下，可以获取到六轴姿态原始数据，即加速度和角速度。不过本项目了解到 MPU - 6050 自带硬件姿态解算单元 DMP，在这种工作情况下可以直接获取解算后的姿态数据，减轻处理器运算负担。这些数据包括姿态角、重力加速度矢量和加速度数据。

7.4.2 姿态解算

姿态解算的目的是将传感器数据转化为系统当前姿态参数，这些参数将参与进一步的运算生成图像信息在屏幕上显示出来。项目使用 MPU-6050 内置数字运动处理器 DMP 解算系统姿态，充分利用了硬件资源，不过需要移植驱动程序 Motion Driver。

Motion Driver 是驱动层程序，只要按照要求配置好，就可以获取 DMP 的处理过的数据，虽然会有噪声问题，不过可以使用。Motion Driver 属于嵌入式运动应用软件一部分，可以很容易地移植到任何微控制器。

DMP 测试程序完成后，将姿态数据发送到串口，通过串口助手查看数据是否异常，数据接收界面见图 7.42，姿态角信息逐条显示成功。这些数据还不能直接使用，后面的设计中需要将这些数据整理成合适的格式，通过无线途径送到上位机。

图 7.42　通过串口输出的解算后的姿态数据

7.4.3 通信协议

本项目数据传输利用的是 WiFi 模块，WiFi 模块工作于 TCP/IP 服务器模式，本身是一个热点，PC 可以检测并连接到该热点，此时该模块构建了一个固定 IP 的局域网络，并创建网络通信端口。网络传输层使用 TCP/IP 协议，将硬件发送的数据包传输到 PC 端的 APP 中，但如何将数据包中的数据分离出来呢？这时需要制定数据规则。本项目将数据包的第一个字节固定为 0×88，功能字节可选，下一个是计数字节，表示数据长度，后面跟的是数据和校验和，帧结构见表 7.5。上位机根据约定处理数据包，分理出姿态参数，经过一系列运算转化为图像显示。

表 7.5　　　　　　　　　　　数 据 传 输 协 议

帧头	功能字	数据长度	数据（包含位移变化量和角度）	和校验

7.4.4　程序设计

1. 工程结构设计

单片机程序共有一个分组，在该分组下有五个文件夹，见图 7.43，分别是 USER、

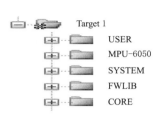

图 7.43　工程目录结构

MPU－6050、SYSTEM、FWLIB、CORE，按照自上而下的顺序排列，越靠近底部，被编辑的频率越低，表 7.6 给出了各个目录的主要内容。其中 CORE 和 FWLIB 里面是处理器相关文件和标准固件库源程序，不需要用户改动，只要根据芯片容量替换启动文件即可。SYSTEM 里的源程序定义了系统通用的功能部分，如延时、串口配置、系统配置等。MPU－6050 里面包含了软件 IIC 接口程序、MPU－6050 驱动、运动处理驱动，主要实现主控和 MPU－6050 通信以及姿态解算控制功能，是项目中功能实现的关键。USER 就是用户，里面包含主应用程序和用户对系统的配置代码。

表 7.6　　　　　　　　　　　　　　　工 程 结 构 说 明

CORE	和 ARM 处理器相关的文件
FWLIB	STM32 官方库函数
SYSTEM	主要包括基本延时、串口和系统定义
MPU－6050	和 MPU－6050 相关的处理程序文件
USER	主程序、中断向量以及系统配置相关文件

在内核及启动文件还有库函数的支持下，制定系统运行基本功能，方便程序统一调用，而后是针对特定硬件进行的开发，包括硬件接口配置或软件通讯时序实现、器件寄存器表和操作函数也可以说是硬件驱动程序，最后是参数配置和上层应用程序。

通常开发主控程序，首先要规划主应用结构，而后根据主应用调取的资源确定依赖的操作，应用对硬件的操作建立在硬件寄存器和通信接口的基础上，如果采用硬件接口，需要先配置相关寄存器，如果是软件模拟接口则配置 GPIO 即可，而后主控通过使用接口收发指令和数据来控制具体器件工作，由于是基于库函数开发，所以还需要找出这一层所依赖的库，添加到工程中来，作为系统运行基础的内核相关代码以及启动文件修改的几率不大，但对于 STM32 来说，不同容量型号需要使用不同的启动代码，里面关于外设和寄存器的定义有一些差异。另外由于某些外设在中等容量芯片上没有，还要依据程序调用的资源进行相关文件的修改（图 7.44）。

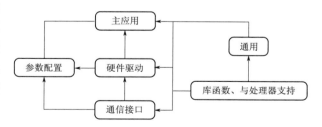

图 7.44　主控程序工程结构关系

2. 主程序逻辑结构

为了明确功能设计，主程序结构要分析到位。应用开始运行后首先初始化整个系统，如 I/O 初始状态、串口波特率、

中断优先级、变量初值、器件工作模式。这一过程完成后就开始控制传感器工作，获取数据，再按照项目与上位机软件之间的通信协议将数据打包成帧，而后通过串口使用 AT 指令控制 WiFi 模块连接上位机并发送数据，过程逻辑框图见图 7.45。

3. 程序说明

项目将配置 WiFi 模块需要的 AT 指令存在字符数组，通过串口发送给 ESP-12F 模块，配置其工作状态，进入热点模式。上位机联网后，利用 IP 和端口号连接 WiFi，硬件将利用 MPU-6050 的运动处理功能解算出的姿态数据通过 WiFi 模块上报到 PC 应用。由于篇幅原因，表 7.7 给出了部分代码说明。

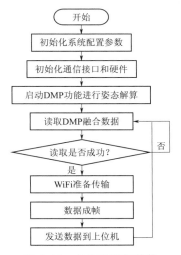

图 7.45　主程序逻辑结构

表 7.7　　　　　　　　　　　主 要 代 码 块 说 明

GPIOB->CRH&=0XFFFFFF0F;GPIOB->CRH|=8<<4; GPIOB->CRH&=0XFFFFFF0F;GPIOB->CRH|=3<<4;	I/O 方向的寄存器设置方式
u8 at1[14]="AT+CWMODE=2";	AT 指令列表在程序中的存储示例，为了正常发挥作用，发送时结尾要添加回车、换行符
AT_cmd(at1,11);	发送 AT 指令配置 WiFi 模块的代码段
tbuf[0]=(aacx>>8)&0XFF; tbuf[1]=aacx&0XFF;	数据分解为两段，并打包成帧的代码段示例，这一部分决定了发送数据的帧结构
Read_DMP(&Pitch,&Roll,&Yaw)	读取 DMP 融合数据，获取姿态角，函数返回0：成功，返回1：失败

7.4.5　联合功能测试

首先将程序下载进主控制器，硬件系统运行后准备进行姿态解算，就绪后尝试连接上位机，连接成功后开始上传姿态参数，可以在上位机查看数据接收情况（图 7.46）。

系统需要独立运行，所以要切换到电池供电。电池供电时硬件系统的工作情况见图 7.47。

图 7.46　将程序下载进主控制器

图 7.47　利用电池供电的系统板

在上位机应用中配置好通信接入参数，与本项目的硬件系统建立了通信连接以后就可以接收并保存数据了，利用这些数据中对应的姿态参数，可以计算对应的图像，显示到用户界面，见图 7.48。

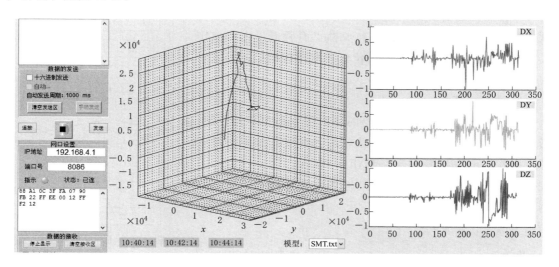

图 7.48　上位机应用界面工作情况

7.5　基于示踪器的流量校核技术限制

通过前述的示踪器的姿态感知平台设计、硬件设计及初步的实验室测试实验，该方法在理论上及在实验室条件下可以很好地实现流量测量任务。但尝试将其用于南水北调输水管道系统时，经过论证发现本方法具有一定的技术限制，使其暂无法实际应用于管道流量测量及校核，这些技术限制包括以下几个方面：

（1）实验室条件下，测试管道直径很小，示踪器在随水流运动过程中由于空间限制基本能够遵循水流总体流动方向运动，即：以纵向运动为主，侧向及旋转运动较小，因此测量精度较为准确。而将该装置用于直径为××米的南水北调实际管道流量测量时，由于管道直径相对于示踪器装置过大，示踪器在运动过程中自由度加大，可能出现沿管道横断面大幅随机游动的情况，这一运动特点一方面使得示踪器实际运动路径远大于管道纵向长度，大大降低了测量精度；另一方面也将大大增加示踪器与管壁的碰撞次数，极易造成示踪器件损坏，导致测量终止。

（2）示踪器的在管道系统的释放存在困难。南水北调总干渠的水流经过调节池、泵站然后沿不同管线向各水厂输水。在这一输水构架下，示踪器不可能在泵站上游释放，否则经过泵站器件时必然被损坏，而且也会对水泵产生破坏。而泵站之后直接连接了分水管道，没有能够释放示踪器的自由空间。

（3）由于分水管道全程埋深在地下，当示踪器在地下管道中运动时，由于屏蔽作用，无法实时监测示踪器在不同时刻所处的空间位置，加之在大直径管道中，虽然示踪器内的陀螺仪装置能够记录自身运动轨迹，但从对示踪器的外部监测乃至回收的角度看，由于其轨迹具有较强的随机性，很难准确预测示踪器何时从管道系统进入终端水厂，因此对示踪器的捕获打捞造成很大困难。

（4）当示踪器从输水管道到达终端水厂时，除了上述捕获时间存在较大不确定性外，示踪器将首先进入到水厂的沉淀池，通过实地考察，水厂沉淀池无论平面尺度还是水深都较大，示踪器以较大的流速从管道进入沉淀池后，沉淀池较大的尺寸也会给捕获和打捞工作带来很大困难，同时在这一过程中示踪器的运动状态已经由管道中的高速运动状态转变为沉淀池中的慢速直至沉入池底的准静止状态，这种状态的较大转变也可能对数据解读和反演造成一定误差。

综上所述，经过前期理论研究和实验室测试工作，基于示踪器的流量校核方法虽然在理论上是可行的，且在实验室测试实验中得到证实，但现阶段将其用于南水北调实际地下管道流量的测量还存在一些困难。

第8章 结论和建议

8.1 结论

本书主要利用"基于流量数据的统计补偿模型""基于薄壁堰的流量校核方法""基于图像处理的流量在线检测",以及应用区块链＋LSTM技术和水位结合等方法对南水北调受水区供水配套工程管线的输水流量进行检验和校核。由于各种方法的基本原理和实施方法不同,因此其适用条件、准确性等也具有各自的特点。

(1)"基于流量数据的统计补偿模型"方法是基于统计学的一种补偿修正方法,其主要目的是对已发生的流量数据的进行统计、分析并剔除不良数据,形成补偿数据模型,将其应用于未来流量数据修正。经过实际检验,可在自小到大的四个流量级范围内,将首尾端流量差缩减至原来的35.3％、40.2％、45.5％、46.8％。

(2)"基于薄壁堰的流量校核方法"则是利用水力学中较为成熟的薄壁堰测流理论,将其应用于流量校核。由于本方法受环境影响小,且测流原理与超声波流量计方法完全不同,因此可作为第三方校核方法。通过项目研究,这种方法在短时间和中长期时间尺度上都具有较高的精度和稳定性。此外,在与自动水位仪相结合后,完全能够实现长时间、自动、连续观测。

(3)"基于图像处理的流量在线检测"方法是本书的一个尝试,虽然其精度以及稳定性并不十分理想,但在进一步提高其提取特征的能力和抗干扰的能力后,仍将具有很好的应用前景。

(4)应用区块链＋LSTM技术和水位结合时候能使流量预测和补偿效果更优,从而说明基于水位的流量测量是可行的,尤其是可用于流态不稳定的泵站流量监测中。

8.2 建议

本书在基于理论研究和实验的基础上,提三种不同的流量计在线校核的方法并进行了对比,从校核精确性、可操作性等方面分析了不同校核方法的适用性,通过研究和分析,对于流量计在线校核提出了以下建议:

(1)"基于流量数据的统计补偿模型方法"具有较强的适用性,限制条件少,只需要具有足够的相近时间的历史流量数据,即可构建和应用,并具有足够的精度。此外,考虑到不同年份之间其内在影响因素可能产生一定程度的变化,因此为提高精度和稳定性,建议在实际使用时采用数据滚动方式,例如在对2020年流量进行校核时采用2019年数据,而在 2021 年流量进行校核时，同时采用 2019 年及 2020 年数据。

（2）"基于薄壁堰的流量校核方法"虽然可以较好的作为一种第三方校核工具使用，但此方法具有一个适用限制条件，即：在输水系统的某一部分（本算例中为一水厂沉淀池尾部集水区域）必须安装一定规模的薄壁堰或者薄壁堰阵列（如果新建薄壁堰阵列可能存在投资加大等情况）。因此，如果工程中有已建的薄壁堰设施，则建议采用此方法，否则，建议采用补偿模型法。

（3）"图像处理法"虽然现阶段存在精度和稳定性不足的情况，但作为智能化测流的新方法，在工程条件允许的情况下，可进行进一步尝试，提高其提取特征和抗干扰能力，以实现未来测流全面自动化和智能化。

参 考 文 献

［1］ 侯广文，马骏. 外夹式超声流量计在线校准流量计的研究［J］. 中国石油和化工标准与质量，2012，33（11）：51-52.

［2］ 刘楠峰，王太平，谢倩. 浅析时差式超声流量计在大流量在线校准工作中的应用［J］. 计量与测试技术，2010，37（03）：28-29，31.

［3］ 赵树旗，李小亮，周玉文，等. 便携式超声波流量计的校核与应用［J］. 工业计量，2010，20（04）：26-28.

［4］ 侯庆强. 移动式水表在线校准系统研制［D］. 杭州：中国计量学院，2012.

［5］ 吴新生，廖小永，王黎，等. 外贴式超声波流量计的测量与在线校准［J］. 人民长江，2013，44（11）：72-75，84.

［6］ 蔡光节，淳永忠，郭存祥. 容积式油流量计自动检定系统的设计与实现［J］. 计量技术，2006（05）：38-40.

［7］ 纪建英. 国际、国内及山东省流量计量装置概况［J］. 中国计量，2011（07）：113-114.

［8］ 郭辉. DN（15～200）mm 水流量标准装置的研制［D］. 保定：河北大学，2014.

［9］ 苗豫生，王华，蔡洁. 在线校准大口径流量计的实验验证［J］. 工业计量，2013，23（04）：16-17，29.

［10］ R Engel. The Concept of a New Primary Standard for Liquid Flow Measurement at PTB Braunschweig［J］. Proceedings，1998（6）：15-17.

［11］ R Engel，K Beyer，HJ Baade. Design and realization of the high-precision weighing systems as the gravimetric references in PTB's national water flow standard［J］. Measurement Science & Technology，2012，23（7）：74020-74031（12）.

［12］ R Engel，H J Baade. Water density determination in high-accuracy flowmeter calibration-Measurement uncertainties and practical aspects［J］. Flow Measurement and Instrumentation，2012（25）：40-53.

［13］ R Engel，H J Baade. Determination of liquid flowmeter characteristics for precision measurement purposes by utilizing special capabilities of PTB's Hydrodynamic test field［C］. International Symposium on Fluid Flow Measurement，2006.